Cadernos de Lógica e Filosofia
Volume 1

A   Lógica de Apuleio

Introdução, tradução e notas ao *De Interpretatione* de Apuleio de Madauros

Volume 1
A Lógica de Apuleio. Introdução, tradução e notas ao *De Interpretatione*
de Apuleio de Madauros
Paolo Alcoforado

Coleção dirigida por
Newton C.A. da Costa,
Universidade Federal de Santa Catarina   nacosta@usp.br
Jean-Yves Beziau,
Universidade do Brasil, Rio de Janeiro   jyb@jyb-logic.org

Ambos são membros titulares da *Academia Brasileira de Filosofia*

A Lógica de Apuleio

Introdução, tradução e notas ao *De Interpretatione* de Apuleio de Madauros

Paulo Alcoforado

SUMÁRIO

PREFÁCIO

O *Peri Hermeneias* de Apuleio de Madauros é o mais antigo tratado latino de lógica formal que conhecemos. Não se trata de uma mera compilação de textos, mas de uma síntese bem urdida, dotada de reflexão crítica e vazada em um estilo conciso e rigoroso. É uma obra de grande relevância histórica que encerra uma apresentação original, podemos assim dizer, da silogística categórica. Não é sem razão que Bocheński, o maior historiador da lógica do século XX, nos diz tratar-se de um livro de 'muito interesse'.[1] Já se começa a perceber na atualidade que o *Peri Hermeneias* exerceu uma profunda influência no desenvolvimento da lógica latina,[2] sobretudo a partir do século quinto, com Marciano Capela (séc. V),[3] Boécio (séc. V/VI),[4] Cassiodoro (séc. V/VI),[5] Isidoro de Sevilha (séc. VI/VII),[6] Alcuíno (VIII século)[7] e Abbo de Fleury (c.945-1004).[8] Por todo esse período, o tratado de Apuleio ocupa um lugar da maior relevância no âmbito do estudo da lógica. Sabemos outrossim que do século IX ao século XI a principal fonte para o estudo do silogismo categórico, depois do *De Syllogismo Categorico* de Boécio, continua sendo o *Peri Hermeneias* ou seus resumos ou epítomes que encontramos nas obras de Capela, Cassiodoro e Isidoro. No final do século XII, porém, o *Peri Hermeneias* e o *De Syllogismo Categorico* entram em declínio, e daí em diante passam a prevalecer os *Primeiros Analíticos* de Aristóteles. Como vemos, este tratado desempenhou um importante papel na formação da lógica da Idade Média.

O objetivo do presente trabalho é tornar disponível ao público de língua portuguesa a tradução integral do *Liber* ΠΕΡΙ ΕΡΜΗΝΕΙΑΣ de Apuleio de Madauros,[9] obra de difícil acesso e, sem dúvida, com complexos

---

[1] I. M. Bocheński , *Ancient Formal Logic*, p. 104.
[2] Para a devida apreciação da evolução da filosofia que parte de Cícero, passa por Apuleio, e chega a Boécio, cf. St. Gersh, 'Middle Platonism and Neoplatonism. The Latin Tradition', t. I, pp. 215-328.
[3] Capela, *Nupt.*, IV, 188,13- 220,17 ed. Dick. Na parte central desse tratado vemos que ele emprega tanto a termonologia como os exemplos que lemos em Apuleio; e muitas de suas doutrinas lógicas são por ele aí transcritas.
[4] Há quem entenda que o *De Syllogismis Categoricis* de Boécio e o *Peri Hermeneias* de Apuleio têm, na verdade, uma fonte comum, cf. J. Isaac, *Le Peri Hermeneias en Occident de Boèce à Saint Thomas*, 1953, p. 21. Para detalhes, cf. M. Sullivan, *Apuleian Logic*, 1967, pp. 209-227.
[5] Cassiodoro, *Inst.*, 1173A t. 70 ed. Migne entre outras passagens.
[6] Isidoro, *Etym.*, II, 28, 22 ed. Lindsay, onde é feita uma referência a nosso autor.
[7] Cf. *Dialectica*, 966A-B t.101 ed. Migne.
[8] *Syll. Cat. et Hyp.*, passim.
[9] A edição latina de que aqui nos utilizamos em nossa tradução foi a de Paul Thomas, *Apulei Madaurensis Opera Quae Supersunt*, vol. III: *De Philosophia Libri*, *Liber* ΠΕΡΙ ΕΡΜΗΝΕΙΑΣ, Leipzig, Teubner, 1907 (1ª ed.); 1938 (2ª ed.); 1970 (3ª

problemas de interpretação, o que nos levou a comenta-la quase que linha a linha. Por tal motivo, cumpre ter presente uma ou duas observações introdutórias para que o leitor possa julgar o que nos propusemos a fazer. Quanto à tradução que aqui oferecemos, algumas observações cabem ser feitas. De início, há que ser dito que procuramos ser o mais literal possível sem, no entanto, retirar da versão portuguesa sua clareza e legibilidade. É verdade que para tanto fomos, por vezes, levados a nos afastar da literalidade do texto latino ao verter certas construções por demais cerradas ou ambíguas. Tal se nos afigurou inevitável, já que nos propusemos a oferecer ao público de língua portuguesa, com um mínimo de inteligibilidade, um texto de lógica extremamente sintético, escrito a muitos séculos atrás. E assim, como o leitor haverá de perceber, fomos também compelidos, por diversas vezes, a inserir palavras e frases entre parênteses retos no corpo da tradução, a fim de suprir a concisão e devolver ao texto, na medida do possível, sua legibilidade. Em segundo lugar, fomos levados a nos afastar das soluções propostas pelos tradutores de língua inglesa (Londey & Johanson) no que respeita os termos técnicos da lógica apuleiana. De fato, não vemos razão para sistematicamente aderir à forma latina, como lemos nessa tradução, uma vez que dispomos no vernáculo dos equivalentes para praticamente todas essas palavras. Pois, qual a razão de criar o neologismo 'abdicativo' para verter o latim apuleiano *abdicativo*, quando dispomos do vocábulo 'negativo'? Não consta que ao tradutor de Aristóteles se imponha a necessidade de criar a forma 'apófasis' para verter o termo *apóphasis*, quando o vernáculo dispõe da palavra 'negação'! Porém, ao longo da tradução nos deparamos com uma exceção, uma vez que a palavra *conjugatio* foi aqui vertida (ou transliterada) por 'conjunção', já que o português lógico nunca dispôs de uma palavra que expresse esta noção.[10]

A representação esquemática por meio de símbolos e letras que aqui utilizamos *não* constitui um procedimento de simbolização tal como se observa na moderna lógica simbólica. Também entendemos que não se

---

ed.). (A editora Teubner, porém, mais recentemente, substituiu o texto de Thomas pela edição de C. Moreschini que ostenta o título de *Apulei de Philosophia libri tres*, 1991, da qual não nos utilizamos). Em sua edição, o filólogo belga Paul Thomas foi levado a decompor o texto apuleiano em quatorze capítulos e a cada linha associar um número – assim, por 'III,176, 4' cumpre entender que se trata da linha 4 da página 176 do Capítulo III do texto de sua edição. Será desta maneira que aqui o citaremos.

[10] Aliás, nem o francês, o italiano, o inglês e o alemão dispõem de um termo especializado para se referir ao par de premissas do silogismo. Contudo, R. Adamson entende que este *terminus technicus* da lógica apuleiana, por ele traduzido por *conjugation*, hoje vem a ser um termo obsoleto (J. M. Baldwin (ed.), *Dictionary*, *s.v. conjugation*).

deve utilizar, de forma sistemática e rotineira, o formalismo dessa lógica com o fito de exibir ou apreender a "sintaxe profunda" das proposições e inferências da lógica antiga e tradicional. Com efeito, não vemos, no presente contexto, nenhum ganho expressivo trocar, por exemplo, 'Algum A é B' por '(∃x) (Ax & Bx) v ~(∃x) (Ax) v ~(∃x) (Bx)' que seriam, ou deveriam ser, segundo a lógica atual, enunciados equivalentes.[11] Isto, porém, não significa que não se deva empregar nenhum procedimento de simbolização para efeito de se apresentar, de modo sucinto e transparente, os termos, proposições e inferências da lógica tradicional, como fizeram Aristóteles, ao usar letras, os estoicos, ao usar números, e o próprio Apuleio quando, no Capítulo XIII, 'à maneira dos peripatéticos' se utiliza das letras gregas A, B, Γ.[12] Sabemos que muitos historiadores da atualidade – como, Sullivan, Londey & Johanson e, de forma um tanto mais complexa, Bocheński, para só citar esses autores - se valem de um sistema de simbolização para apresentar com um mínimo de clareza (não disse, exatidão!) a *forma*, por exemplo, de uma proposição, como, 'Todo animal respira' em termos de 'Todo S é P'. Neste sistema de simbolização forma, hoje tradicional e corriqueiro de representar proposições e inferências, nada há de extraordinário, mas apenas uma maneira de expressar, com maior nitidez, a *forma* gramatical das proposições e dos modos silogísticos.

Nas páginas que se seguem, utilizaremos letras latinas minúsculas *a, b, c,..* como constantes terministas; e as letras *x, y, z* como variáveis terministas. As quatro vogais maiúsculas *A, E, I, O* representam aqui, respectivamente, as proposições universais afirmativas, as universais negativas, as particulares afirmativas e as particulares negativas. Também utilizaremos, eventualmente, as primeiras letras maiúsculas do alfabeto latino *A, B, C* para ocupar o lugar dos termos que ocorrem em uma inferência; não confundir assim com *X, Y, Z* que, ocasionalmente, representam proposições que ocorrem em um silogismo. As seguintes letras maiúsculas *S, M, P* representam os termos 'sujeito', 'médio' e 'predicado' no contexto de um silogismo. Também utilizaremos do cálculo proposicional *p, q, r* como variáveis proposicionais, e ainda como constantes lógicas os conectivos proposicionais v, &, ↔, → e ~. Pelas expressões *Aab, Eab, Iab* e *Oab* simbolizamos as quatro formas de proposições cujos os extremos são as constantes *a* e *b*; e por *Axy, Exy*, etc. simbolizamos as formas

---

[11] Tal uso intensivo do formalismo contemporâneo é o que faz, entre outros, C. D. Novaes, *Formalizing Medieval Logical Theory*, 2007.
[12] *Peri Hermeneias*, XIII,192,30. Daqui por diante, por razões de comodidade, em lugar de escrever por extenso '*Peri Hermeneias*' escreveremos apenas '*Herm.*'; e se o contexto permitir, notaremos apenas 'XIII,192,30', omitindo o título. Aqui, o número romano remete ao capítulo, o segundo número remete à página da edição Thomas e o terceiro, à linha desta mesma página.

proposicionais cujos os extremos são as variáveis x e y. Por *Aab* entenda-se uma proposição universal afirmativa cujo sujeito é *a* e o predicado é *b*; por *Exy* temos a forma da proposição universal negativa cujo sujeito (indefinido) é x e o predicado (indefinido) é y. Por *Oxy* temos a forma da proposição particular negativa cujo sujeito (indefinido) é x e o predicado (indefinido) é y. E por fim *Ixy* temos a forma da proposição particular afirmativa cujo sujeito (indefinido) é x e o predicado (indefinido) é y. Lembramos aqui que só uma proposição é verdadeira ou falsa, a forma de uma proposição não é nem verdadeira nem falsa; mas se torna verdadeira ou falsa quando as variáveis que nela ocorrem forem devidamente substituídas por constantes ou devidamente quantificadas. (Desnecessário dizer que Apuleio não se serve deste sistema notacional. Para ele, a forma de uma proposição - como, 'Toda virtude é louvável'- cumpre ser depreendida da própria proposição, já que ele não dispõe de meios para expressar sua forma). Por fim, utilizamos o sinal metalinguístico '|—' para simbolizar o advérbio *igitur*, sistematicamente traduzido pela palavra 'logo'; de forma gráfica, este sinal, portanto, "separa" a(s) premissa(s) da conclusão de uma dada inferência; o que também é, com frequência, realizado mediante uma linha horizontal, em que as premissas ficam na parte superior e a conclusão na parte inferior. Por fim, como é convencional, usaremos [ ] para indicar esclarecimentos, evitar dúvidas e aditar explicações; as lacunas, presentes no texto latino, foram indicadas em nossa tradução por três asteriscos '∗∗∗', tal como é feito na edição crítica de Thomas.

Não podemos deixar de reconhecer, de maneira toda especial, nossa dívida para com as obras de D. Londey & C. Johanson, M. W. Sullivan e Ph. Meiss sem as quais não teria sido possível chegar aos resultados pretendidos no que diz respeito tanto à *Introdução* como às *Notas* apensadas à presente tradução. Isto não significa, contudo, que sempre seguimos suas interpretações ou que a eles caibam a responsabilidade pelos equívocos que involuntariamente tenhamos cometido.

Por fim, apraz-me agradecer ao prof. Guilherme Wyllie por suas observações, contribuições e sugestões, todas de inestimável valor, bem como ao prof. Jean-Yves Béziau pela acolhida dispensada ao presente livro e o cuidado que levou a termo sua editoração.

Niterói, julho de 2014

Paulo Alcoforado

PRIMEIRA PARTE

INTRODUÇÃO. No Império romano, em algumas regiões de expressão grega, no segundo século de nossa era, teve lugar um reavivamento da retórica e da filosofia que recebeu o nome de 'segunda sofística' para assim distingui-la da sofística do século V a.C. conhecida sob a designação de 'sofística primitiva'. Neste momento, também vemos surgir, de um lado, uma educação filosófica superior de orientação mais dogmática, centrada em uma doutrina, e ministrada no contexto das distintas seitas[1] dominantes nesse momento (aristotélicos, estoicos, epicuristas, etc.) e, de outro lado, um ensino mais elementar, de orientação eclética e liberal para o qual concorriam fragmentos de todas essas doutrinas. Na prática, porém, tudo isto significa apenas que em lógica há que seguir Aristóteles ou então voltar-se para os estoicos. E nesse momento, os únicos vultos que se destacaram no âmbito da lógica foram Galeno de Pérgamo e Apuleio de Madauros.

Lúcio[2] Apuleio nasceu na cidade de Madauros (Algéria, África do Norte), uma colônia romana, situada na fronteira da Numídia com a Getúlia, entorno do ano 125 d.C. De pais abastados,[3] fez seus primeiros estudos provavelmente em Madauros, depois em Cartago (*Flor.*,18), então a capital cultural da África do Norte, onde veio a receber uma sólida formação em retórica, gramática e literatura (*Flor.*,20). Mais tarde, dirige-se à Atenas com o fito de estudar filosofia (*Apol.*, 72). Segundo o que ele próprio nos relata, aí estudou poesia, geometria, música, dialética e filosofia geral (*Flor.*, 20). Não se sabe, com exatidão, quando chegou e nem quanto tempo aí permaneceu, mas ao que é dado pensar teria sido entre anos de 145 e 155. Nesse momento é possível, ao que se conjectura, que tenha assistido as lições do filósofo

---

[1] As seitas (sing. αἵρεσις) - ou, como dizemos atualmente, escolas ou correntes filosóficas - tiveram, no segundo século de nossa era, seus últimos instantes de apogeu pela instituição de cátedras públicas de filosofia platônica, aristotélica, epicurista e estoica. Mas, a crescente demanda por um ensino não-sectário, eclético, de orientação menos dogmática e mais liberal, que encerrasse os clássicos de todas essas doutrinas, acabou por arruinar as seitas e suas tradições de ensino. Deste modo, antes do término do terceiro século, todas as grandes seitas tinham praticamente desaparecido. No âmbito das exigências desse ensino eclético e não-sectário, agora dominante e praticamente exclusivo, é que veremos emergir a escolástica grega.

[2] Não há certeza quanto a seu prenome 'Lucius', que poderia ter sido a ele atribuído pelo fato de existir em suas *Metamorfoses* um personagem de idêntico nome.

[3] *Apol.*, 23-24; e ainda Santo Agostinho, *De Civ. Dei*, VIII, 14.

platônico Calveno Tauros, que liderava a escola de Atenas, lições que também foram seguidas por Aulo Gélio. É certo que em Atenas optou pela 'seita platônica' e aí adquiriu o conhecimento de platonismo de que se jactava de possuir.[4]

Após uma longa estada nessa cidade, visitou Roma (*Meta.*,11), onde teria exercido a advocacia, se aprofundado no estudo da língua latina (*Meta.*, I,1) e travado contato com diversos cultos de mistério (*Apol.*, 55). Depois da estada em Roma, Apuleio teria ido a Samos, à Frígia e a caminho de Alexandria (Egito) teve que interromper a viagem e se dirigir a Oea (Trípoli, na Líbia) por força de uma enfermidade (*Apol.*, 72-74).[5] Aí, veio a conhecer uma rica viúva, Emília Pudêntila, com quem se casou, fato que ocasionou a acusação, por parte de seus parentes, de tê-la induzido ao casamento por força de artes mágicas. O caso foi levado a um tribunal, em Sábrata, onde foi julgado pelo procônsul Cláudio Máximo (c. 158). Apuleio se defendeu com rigor e foi sem maiores percalços absolvido.[6] Retirou-se de Oea e foi viver em Cartago praticando a retórica e a advocacia. Em torno do ano de 160 já possuía razoável prestígio e renome. Vangloriava-se não só de sua versatilidade em línguas, já que era capaz de falar e escrever em grego e latim, como também da amplidão de seus interesses que o fizera um naturalista, poeta, orador, filósofo e novelista.[7] São conhecidos seus vínculos com os cultos de mistério (*Apol.*, 55) e sabemos que na Grécia, fez-se iniciar em diversas religiões herméticas e se dedicou com afinco ao estudo e às práticas mágicas e cultos iniciáticos. Já em vida gozou de certo renome como advogado, retórico e

---

[4] Importa ressaltar que, neste momento da história do pensamento, as palavras 'filósofo', com uma ou outra exceção, e 'lógico', à exceção de Galeno, devem ser tomadas em sentido amplo e liberal, sem implicar nenhum conhecimento profundo ou contribuição original, mormente no que concerne à lógica.

[5] É igualmente possível que após sua estada em Atenas, tenha visitado Samos, a Frígia e outros lugares tendo por fim se encaminhado à Roma, a crer na narrativa de Sullivan (*Apuleian Logic*, p. 7). Na verdade, dada a carência de fontes, não há como saber com precisão histórica em que sequência, em se tratando de suas viagens e escritos, onde e quando tiveram lugar.

[6] A defesa encontramos em seu livro *Apologia* também conhecido sob o nome de *De Magia*. Sob a forma atual, ele constitui uma edição revista e ampliada de seu discurso.

[7] Flor., 9,28; 18,38ss; 18,16; 42; Apol., 4,1. 'Canit enim Empedocles carmina, Plato dialogos, Socrates hymnos, Epicharmus modos, Xenophon historias, Crates satiras: Apuleios vester haec omnia novemque Musas pari studio colit'. Se bem que, logo adiante acrescente, em tom modesto, 'embora com maior empenho do que talento' ('majore scilicet voluntate, quam facultate', Flor., 20).

novelista e mais de um monumento foi erigido em sua homenagem, tanto em Cartago como em Madauros (*Flor.*, 16). A data de sua morte é incerta. Contudo, levando em conta sua reputação, o número de suas obras e ainda sua presença em Cartago em 161 é dado conjecturar que deve ter ocorrido depois do ano de 170, quando não mais se ouve falar a seu respeito.

Enquanto filósofo, Apuleio não tem nenhuma originalidade e nem apresenta qualquer interesse especial. Não veio a elaborar uma doutrina e a seguir ensiná-la; ele não é um fundador de escola e tampouco teve discípulos e, destarte, estudá-lo por ele mesmo, nos dias atuais, com o fito de auferir conhecimento de filosofia seria de todo desarrazoado. Sua preocupação se resume a difundir o platonismo que ele entendia ser a mais sublime e nobre de todas as filosofias de que teve conhecimento. Mas, o platonismo que Apuleio expõe e preconiza, importa ser dito, é um platonismo eclético, permeado de elementos místicos e religiosos. Seus escritos, porém, são de relativa importância para o conhecimento da história do platonismo médio, vale dizer, do platonismo tal como era propagado em meados do século segundo depois de Cristo.[8] Ao assim falar, não queremos dizer que Apuleio age como um historiador da filosofia ou do pensamento, em sentido contemporâneo. Na realidade, sabemos que Apuleio é 'um vulgarizador da filosofia, mas um vulgarizador, com frequência, mal informado'.[9]

Apuleio não segue a divisão aristotélica das ciências[10] em teóricas (física, matemática e teologia), práticas (ética, política, economia) e produtivas (retórica, poética, música, escultura, ginástica, etc.). Mas, o sistema tripartite vigente em seu tempo: física, ética e dialética.[11] Sabemos que nos *Tópicos*,

---

[8] É sabido que da filosofia dos séculos I e II d.C. praticamente nada subsiste a exceção do *Comentário Anônimo do Teeteto*, da *Epítome* de Albino e do *De Dogmate* de Apuleio. Aqui, como se vê, não foi levado em conta os escritos de Filão de Alexandria nem os de Clemente e Justino, todos de orientação mais religiosa, como tampouco a produção literária de Plutarco e Galeno. O platonismo com que Apuleio se depara em Atenas está longe de ser aquele que Platão ensinou na Academia e que hoje lemos em seus diálogos. Passados cinco séculos de sua origem, o platonismo do século II d.C. veio a assimilar muitos princípios e doutrinas tanto do aristotelismo como do estoicismo, estando também de eivado de relativismo e probabilismo cético.

[9] H. Clouard, *Apulée*, p. XI.

[10] Cf. *Met.*, 1025b25.

[11] Dada a natureza eminentemente verbal da arte de argumentar, ela é desenvolvida como discurso (*oratio*). Sabemos por Cícero que a *ars* (ou *ratio*) *disserendi* vem a ser a dialética ('*quam verbo graeco* διαλεκτικήν *appellaret*', *De orat.*,II,38,157). Cumpre notar, porém, que 'dialética' não tem, no contexto apuleiano, o mesmo significado que

3

Aristóteles divide não as ciências, mas as proposições e problemas dialéticos em éticos, físicos e lógicos (*Tóp.*,105b20). Os estoicos entendem que a filosofia como um todo se divide em lógica, física e ética (D.L.,VII,39-40). Também os epicuristas entendem que a filosofia se divide em canônica, física e ética (D.L.,X,29-30). De fato, no período helenístico, esta classificação se difunde e se impõe como a forma de classificar as ciências. Contudo, sabemos que nenhuma escola helenística veio a enfatizar a lógica como um instrumento (*órganon*), como o fez o pensamento aristotélico. Nesse momento, a lógica é tomada como uma parte (*méros*) da filosofia, e não como um saber autônomo e independente. É no contexto dessa tradição helenística que se inscreve Lúcio Apuleio. Com efeito, diz-nos ele que a filosofia (*philosophia* ou *studium sapientiae*) tem por objeto os seguintes temas: a natureza (*natura*), os valores morais (*moralis*) e a razão (*rationis*). Os temas de que trata a lógica seriam objeto específico deste último ramo da filosofia, vale dizer, da *philosophia rationalis* (I,176,1-4).

OBRAS. Em relação à sua produção literária, há que ser dito que diversas obras a ele atribuídas são de autenticidade duvidosa, outras certamente espúrias, sem contar as que se extraviaram e das quais só dispomos de fragmentos. Também há que se levar em conta a impossibilidade de se estabelecer a cronologia tanto absoluta quanto relativa de seus diversos escritos. As obras inequivocamente autênticas que chegaram até nós se dividem, podemos assim dizer, em literárias, retóricas e filosóficas. No rol das obras literárias, destacam-se sem dúvida as *Metamorfoses* (ou 'O Asno de Ouro'), uma novela latina em onze livros em que se narra as aventuras de um certo Lúcio de Corinto que por artes mágicas é transformado em um asno, e sob esta forma passa por muitas vicissitudes até ser finalmente restituído a sua

---

apresenta em Platão e nem nos *Tópicos* aristotélicos. Cícero foi o primeiro latino a sustentar que uma das partes da filosofia, denominada de λογική, tem por objetivo o discutir e o argumentar (*quaerendi ac disserendi*) e se identifica tanto com a lógica como com à dialética. Com efeito, no *De finibus* (45 a.C.) lemos 'uma outra parte da filosofia, que consiste em investigar e argumentar, dita λογική ('*in altera philosophiae parte, quae est quaerendi ac disserendi, quae* λογική *dicitur*', *Finibus*,1,7,22 ed. Müller). Também no *De fato* (44 a.C.) é dito ser 'uma questão obscura ... que pertence por inteiro à λογική, palavra que traduzo por arte de argumentar'('*obscura quaestio est, ..., totaque est* λογική*, quam rationem disserendi voco*', *Fat.*, I,1 ed. Yon). Mas, importa não esquecer que, para Cícero, como essas duas passagens manifestam, λογική (*sc.* τέχνη) significa *ars disserendi* ou *quaerendi* e assim se identifica com o que os *Tópicos* (não o Aristóteles da maturidade) chamam de 'dialética'.

4

forma humana pela deusa Isis, a quem ele passa a ser daí em diante devotado servidor. Apuleio tem um estilo pitoresco, vívido e refinado. Entre seus trabalhos retóricos, é bem conhecida sua *Apologia* (ou *De Magia* ou ainda *Pro se de Magia*), que vem a ser o discurso por ele pronunciado no tribunal em que se defende da acusação de ter conquistado sua rica esposa por força de práticas mágicas. Também não cabe omitir uma coletânea de palestras reunidas em uma antologia, envolvendo os mais diversos temas, cujo título latino é *Florida*.

Quanto a seus textos filosóficos, a ele devemos uma paráfrase ou tradução latina livre de um original grego de título *Perì kósmou* de um autor peripatético (e falsamente atribuído a Aristóteles), e que recebeu o título de latino *De Mundo* que trata de questões geográficas e cosmológicas. Além desta obra, destacamos dois outros livros de conteúdo filosófico destinados sobretudo à exposição do platonismo, tal como ele o entendia. O primeiro, *Sobre o Demônio de Sócrates* (*De Deo Socratis*) que versa sobre a natureza e as operações que demônios (ou espíritos) exercem sobre os humanos por influxo dos deuses. O segundo, e sua mais importante contribuição à filosofia, é o tratado *De Platone et eius Dogmate* ('Sobre Platão e suas Doutrinas') ou, mais resumidamente, *De Dogmate Platonis* ('*Das Doutrinas de Platão*'), escrito aparentemente em três livros, em que se percebe de imediato a total ausência de conhecimento de todo o sistema platônico. Escrito em um estilo sóbrio, sistemático e didático é tão distinto de suas composições retóricas e literárias, que alguns historiadores recentes chegaram até duvidar de sua autenticidade. O Livro I, desta obra, trata da vida de Platão, de sua metafísica e filosofia da natureza (*philosophia naturalis*); o Livro II versa sobre a ética e a política (vale dizer, sua *philosophia moralis*); e, decalcado na divisão tradicional da filosofia helenística, teríamos ainda o Livro III, a última parte do *De Dogmate*, que se extraviou, e que trataria da *philosophia rationalis* e versaria sobre a dialética. Por versar sobre a dialética, este terceiro livro foi identificado com o *Peri Hermeneias*, que trata exatamente da *ratio intelligendi*. 'O estudo da sabedoria, que denominamos de filosofia, parece ter para a maior parte dos filósofos três espécies ou partes: a natural, a moral e a racional, que encerra a arte de argumentar e sobre a qual trataremos a seguir' (I,176,1-4). E deste modo, aqui se repete o esquema tripartite em que se decompunha a filosofia estoica.

AUTENTICIDADE.   Em princípio, a tradição sempre considerou o *Peri Hermeneias* não só o terceiro e último livro do *De Dogmate Platonis* como também uma obra autenticamente apuleiana. No século XIX, no entanto, surgem três tipos de indagações ou questionamentos a seu respeito. O primeiro, consiste em indagar se Apuleio teria sido ou não o autor desse tratado. O segundo, vem a ser se o *Peri Hermeneias* seria ou não o terceiro livro do *De Dogmate Platonis*. Importa ter presente que responder afirmativamente a primeira questão não significa necessariamente que o *Peri Hermeneias* seja o terceiro livro dessa obra. O terceiro, seria averiguar se o *Peri Hermeneias* é ou não uma tradução para o latim de um original grego, hoje perdido, de autor desconhecido.[12] Há também quem matize esta tese afirmando que Apuleio não se restringe à atitude de mero tradutor, pois o que ele realizou foi uma exaustiva reelaboração, com acréscimos e modificações, talvez de dois ou mais manuais gregos de diferentes orientações com o fito de produzir uma síntese das lógicas peripatética e estoica.[13] A tese de que Apuleio seria um mero tradutor, ainda que tendo trabalhado o original grego em profundidade, tem como apoio o fato de ocorrerem nesse livro algumas palavras gregas e também aparentes transliterações de termos gregos.[14] Isto nos parece, porém, pouco convincente. Pois, a formação ateniense de Apuleio seguramente o pôs em contato com uma gama de termos gregos provenientes de diversas escolas que, por certo, não tinham correspondente na lógica latina do século II, mas que forçosamente teriam que ser traduzidos a fim de expressar as noções indispensáveis a uma exposição da lógica em língua latina. Além do mais, a prevalecer este critério, também os dois livros iniciais do *De Dogmate* não passariam de meras traduções de textos gregos, uma vez que encerram numerosíssimas palavras, citações e construções gregas.[15] Não obstante tudo o que se debateu ao longo dos tempos, de todas as investigações históricas e filológicas, não foi possível chegar uma solução conclusiva. E assim, ainda hoje se discute se Apuleio é ou não o seu autor. Sabemos que no passado Capela,[16] Cassiodoro[17] e Santo Isidoro de Sevilha[18] admitiam tranquilamente sua autoria

---

[12] Cf. Prantl, *Geschichte der Logik*, I, p. 578s; Zeller, *Die Philosophie der Griechen*, III/2, p. 225, nota 3; Bocheński, *La logique de Théophraste*, p.16; Lumpe, *Die Logik des Pseudo-Apuleius*; Meiss, *Apuleius*, p.8.

[13] Cf. M. Baldassarri, *Apuleio*, p. 8: '*esso sarebbe dunque, più que la traduzione, la elaborazione di un testo greco (di un compendio o di un corso di lezioni o di corsi presentanti continuità di contenuto)*'.

[14] Como os termos πρότασις e ἀξίωμα (I,176,16); a definição de silogismo (VII,184,13-16); a definição do primeiro tema estoico (XII,191,8-10); a definição aristotélica de prova *per impossibile* (XII,191,5ss).

[15] Cf. por exemplo, *De Dogmate*, Liv. I, §§ 189-193, 195, 200, 203, 204; Liv. II, §§ 220, 226, 231, 241.

[16] *Nupt.*, IV,393-413 ed. Willis.

[17] *Inst.*, III,1173A t. 70 ed. Migne: '*has formulas categoricum syllogismorum qui plene nosse desiderat, librum legat, qui inscribitur Apulei*'.

e, nos tempos atuais, M. Sullivan,[19] C. Johanson,[20] e C. Prantl[21] são igualmente por sua autenticidade. Por outro lado, também sabemos que contra sua autenticidade nos deparamos com Hildebrand[22] que foi, aliás, o primeiro a nega-la servindo-se de três argumentos, já que não constam existir outras razões (exceto um quarto argumento posteriormente aduzidos por A. Goldbacher) para refutar sua autenticidade. Eis os argumentos apresentados por esses dois autores contra sua autoria.

I) Os melhores manuscritos dos *De Dogmate Platonis* – afirma Hildebrand - encerram apenas dois livros, e não contém o *Peri Hermeneias*, que deveria constar nesses manuscritos como o seu terceiro livro, caso tivesse sido por ele escrito. A esta objeção, Meiss responde dizendo que ela nada prova quanto a sua não autoria. O que se pode inferir é que o copista ou editor do *De Dogmate* não percebendo qualquer similaridade de estilo e de conteúdo, entre os dois primeiros livros e o terceiro, entendeu que deveria desvincular o *Peri Hermeneias* desses dois tratados iniciais. E de fato, este tem toda a disposição de um tratado de lógica, que se autocontém e que dispensa qualquer saber filosófico ou lógico prévio. Não deve, pois, causar espanto que assim tenha sido usado por séculos, e tomado como uma parte autônoma de seu sistema filosófico. Além disso, observa ainda Meiss, a maioria dos manuscritos do *Peri Hermeneias* se apresenta como tendo Apuleio como seu autor. Por tal razão, Marciano Capela,[23] Cassiodoro[24] e Isidoro de Sevilha[25] citam esse livro como da autoria de Apuleio. E desse modo, este argumento nada prova.

II) É visível o contraste entre o estilo vivo e florido de Apuleio novelista e orador – argumenta Hildebrand - e a linguagem sóbria, dura e árida desse tratado de lógica que em nada evoca a verve literária de Apuleio escritor. E assim é muito pouco provável que o mesmo homem tenha sido o autor de ambas as obras. Tal fato, porém, não pode causar espanto, pois Apuleio não poderia utilizar o mesmo estilo do *Peri Hermeneias* em suas *Metamorfoses*, e reciprocamente. De igual maneira que a linguagem oral é distinta da linguagem escrita, que a

---

[18] *Etym.*, II, 28, 22 ed. Lindsay: '*qui inscribitur Perihermeneias*'.

[19]*Apuleian Logic*, p. 13.

[20] 'Was the magician of Madaura a logician?', pp. 131-134.

[21] *Geschichte der Logik im Abendland*, I, p. 579 nota 1.

[22] G. F. Hildebrand, *Opera Omnia*, Pars I, 1842, p. XLIV. Cf. ainda J. Beaujeu (Apulée, *Opuscules philosophiques*, 2002, p. VIII, nota 1; e as considerações da p. 52) que tampouco admite sua autenticidade.

[23] *De nuptiis*, IV,393-413 ed. Willis.

[24] *Institutiones*, II,3,12;II,3,18 ed. Mynors.

[25] *Etymologiae*, II, 28,22 ed. Lindsay.

poesia é distinta da prosa e a oratória do diálogo. E não vemos porque um escritor tão versátil como Apuleio não fosse capaz de transitar com igual facilidade de uma para outra maneira de se expressar. Há um passo de Bocheński , com frequência citado, em que ele nos diz que os *Primeiros Analíticos* foram escritos numa linguagem tão compacta que os tornam difíceis de serem compreendidos, mas este é o modo de pensar e escrever de todos os autênticos lógicos formais (*Schreib- und Denkweise aller echten formalen Logiker*) desde os estoicos até Frege.[26] Por esta razão, já se disse, falando de Apuleio, que ele é 'um grande virtuose da linguagem que, segundo uma doutrina antiga, adaptou seu estilo ao gênero'.[27]

III) No *De Dogmate Platonis*, Apuleio manifesta a intenção de tratar não só da natureza e da ética, como também da lógica platônica. Pois, aí lemos que 'ele [Platão] foi o primeiro a estabelecer que as três partes da filosofia se organizam conjuntamente; e nós falaremos assim em separado de cada uma delas, a começar pela filosofia da natureza'.[28] E em outro livro, ele precisa que o estudo da filosofia, parece ter, para a maioria dos filósofos, três partes: a natural, a moral e a racional, que encerra a arte de argumentar (I,176,1-4). Na verdade, Apuleio se propõe a divulgar no orbe latino a teoria lógica de orientação platônica, mas, o que se vê no *Peri Hermeneias*, conclui Hildebrand, não é nem de longe uma exposição dessa lógica, mas uma síntese de preceitos e princípios que se encontram no *Órganon*, no peripatetismo posterior e no estoicismo. Aliás, nessa obra, só se constata uma única menção a Platão e nada mais (IV,178,1). O que contrasta com os dois primeiros livros do *De Dogmate* que se consagram por inteiro à exposição do pensamento platônico, tal como Apuleio o concebe. A presente dificuldade formulada por Hildebrand se resolve levando em conta as duas seguintes considerações. De um lado, é muito provável – ou melhor dizendo, é quase certo - que Apuleio não tenha seguido apenas as lições de um mestre de platonismo, mas igualmente de outros mestres de diferentes horizontes intelectuais, como peripatéticos e estoicos. E nesse sentido teria certamente travado em Atenas contato com professores de lógica e assistido as lições de outros filósofos, especialmente, aristotélicos o que acarretaria ter um conhecimento razoável do *Órganon* aristotélico. Por outro lado, é sabido que nunca existiu, em sentido estrito, uma

---

[26] J. M. Bocheński , *Formale Logik*, pp. 76-77.
[27] L. R. Palmer, *The Latin Language*, p. 144.
[28] '*Nam, quoniam tres partes philosophiae congruere inter se primus obtinuit, nos quoque separatim dicemus de singulis, a naturali philosophia facientes exordium*' (*De Platone et eius Dogmate*, I, 189 ed. Beaujeu).

lógica desenvolvida por Platão e se era o caso de expor algum sistema lógico este só poderia ser, nesse momento, o aristotélico ou então o estoico, ou ainda um amálgama desses sistemas. Neste período, a maior parte dos autores seguiam tendências sincretistas em que se combinavam elementos aristotélicos e estoicos chegando inclusive a aplicar procedimentos e formulações estoicas a conceitos tipicamente aristotélicos.[29]

Posteriormente, Goldbacher[30] - que também entende que esse livro seja espúrio – fortifica ainda mais a tese de Hildebrand ao formular um quarto argumento contra sua autenticidade:

IV) No *Peri Hermeneias são* mencionadas, a título de ilustração, duas proposições: 'Apuleio argumenta' e 'Apuleio, o filósofo platônico de Madauros, faz uso do discurso',[31] fato que, segundo Goldbacher, não poderia ter lugar, caso esta obra fosse um autêntico escrito de Apuleio. Pois, ele não teria o mau gosto de usar seu próprio nome em um exemplo. Este argumento, no entanto, nada prova. Seguindo de perto Zeller, Meiss transforma a objeção de Goldbacher em um argumento a favor da autenticidade do *Peri Hermeneias*: Apuleio se vale aqui de seu próprio nome - argumenta Meiss – exatamente para deixar claro e inequívoco que é de sua autoria o texto em questão.[32]

Hildebrand e Goldbacher, no entanto, não explicam do mesmo modo a razão de existir do *Peri Hermeneias*. De acordo com o primeiro, embora Apuleio quisesse escrever esse terceiro livro, acabou por não o fazer. E, assim, um gramático ou erudito do século III ou IV, que se propusera a completar os dois primeiros livros do *De Dogmate Platonis*, o escreveu e se utilizou do nome de

---

[29] Eis o que lemos em Bocheński: *'ja geradezu stoische Methoden und Formulierungen auf aristotelische Gedanken übertragen'* (*Formale Logik*, p.154).

[30] Em sua edição das obras filosóficas de Apuleio (Viena, 1876), Goldbacher exclui o *Peri Hermeneias* por entender que se trata de um livro espúrio. Contudo, anos mais tarde, ele vem a editar esta obra. Cf. A. Goldbacher (ed.), 'Liber Περὶ ἑρμηνείας qui Apulei Madaurensis esse traditur',1885, pp. 253-277. Neste artigo ele ainda persiste em sustentar que se trata de um livro inautêntico.

[31]*Herm.*, IV, 178,3 e IV,178,16ss.

[32] Neste mesmo sentido, um autor recente assim se manifesta *'s'il a été attribué à Apulée, c'est principalement parce que* [...] *il propose des exemples* [...] *dans lesquels figure le nom du Philosophus Platonicus Madaurensis'* (J. Beaujeu (ed.), *Apulée*, p. VIII, nota 1).

Apuleio tendo em vista valorizar a obra por ele escrita.[33] Goldbacher, porém, entende que o autor desse livro, um gramático ou um filósofo, nunca teve a intenção de renunciar a sua autoria, mas isto acabou por acontecer por força de ele ter se utilizado, em um exemplo, do nome de Apuleio. Tal fato veio a criar tempos depois a tradição segundo a qual Apuleio seria, na verdade, seu autor. Pelo que vimos, tanto os argumentos de Hildebrand como o de Goldbacher não chegam a estabelecer – contra a tradição – que o *Peri Hermeneias* não é uma obra de Apuleio.

Mas, a autenticidade desta obra é, inequivocamente, uma questão ainda em aberto. Pois, não é fácil entender como um retórico latino, com tantas limitações filosóficas e tanta imaginação literária, chegou aos resultados com nos deparamos nos capítulos que versam sobre a silogística categórica. Nos dias atuais ainda encontramos tanto quem entenda que esse livro não é de Apuleio (E. Haight), como quem pense o contrário (J. Tatum). Tais indagações, como se percebe, dificilmente serão um dia respondidas em definitivo. De nossa parte entendemos, por não vislumbrarmos uma opção melhor, que o *Peri Hermeneias* teria sido escrito por Apuleio de Madauros em sua juventude, em torno do ano 155, provavelmente em Atenas, tendo por base dois ou mais textos gregos – entenda-se livros ou anotações de aulas de orientação dominantemente aristotélica - de autor(es) hoje desconhecido(s), sobre os quais ele trabalhou um tanto livremente. Podemos inclusive ir mais longe e conjecturar que ele teria sido escrito com o fito de difundir no mundo de língua latina os conhecimentos lógicos que ele recém adquirira em sua estadia em Atenas.[34]

O PERI HERMENEIAS.   Como foi dito, segundo a tradição, o *Peri Hermeneias* seria o terceiro livro do *De Dogmate Platonis*, e também o mais antigo tratado latino de lógica que conhecemos. Ainda que escrito em latim, este livro chegou até nós com o titulo grego de ΠΕΡΙ ΕΡΜΗΝΕΙΑΣ. Contudo, seu título original é literalmente ΠΕΡΙ ΕΡΜΗΝΕΙΩΝ, como consta de um manuscrito do século IX, que mais tarde foi adaptado por Meiss para ΠΕΡΙ ΕΡΜΗΝΕΙΑΣ; mas também o encontramos transliterado sob a forma *Peri*

---

[33] G. Hildebrand observa que Apuleio não a tendo escrito '*so hat ein Grammatiker des 3. oder 4. Jahrhunderts die Sache nachgeholt und, um dem Büchlein grössere Geltung zu verschaffen, es unter dem Namen des Apuleius herausgegeben*'. Cf. Ph. Meiss, *Apuleius*, p. 5. Quanto ao que pensa Goldbacher, ver logo a seguir na mesma página.
[34] M. Baldassarri, *Apuleio*, p. 8.

Hermeneias, e entre os autores latinos posteriores, aparece, não raro, sob a tradução de *De Interpretatione*. Isto se deve ao fato de Boécio ter vertido o título da obra aristotélica de idêntico nome para o latim por *De Interpretatione*.[35] Sabemos que o vocábulo *hermeneías* – comum tanto ao livro de Aristóteles como ao de Apuleio - é correntemente traduzido por 'interpretação' e, deste modo, *Peri Hermeneias* vem a ser literalmente *Da Interpretação*. Porém, seria mais consentâneo com o conteúdo do livro de Aristóteles traduzi-lo por 'Do significado' ou melhor ainda por 'Da expressão', e o de Apuleio verte-lo por 'Lógica' ou 'Da Dialética'. Aparentemente, o que teria levado Apuleio a assim designar seu tratado decorreria do fato de inexistir, em seu tempo, uma denominação estabelecida e unanimimente aceita a respeito da ciência da inferência. Também podemos pensar na hipótese de uma teoria do significado segundo a qual o pensamento é uma linguagem mental que cumpre ser traduzida para uma linguagem escrita ou oral. Segundo Isidoro de Sevilha, *hermeneias* vem do fato de a mente se valer das duas partes do discurso – o nome e o verbo – no sentido de interpretar tudo o que ela concebe para efeito de expressa-lo. 'Estas duas partes do discurso [nome e verbo] expressam tudo, o que quer que a mente conceba para manifestar por palavras'.[36] E, por tal razão, é lícito dizer que todo enunciado é uma interpretação do que a mente concebeu.

O *Peri Hermeneias*, como aqui o designaremos, é uma obra compacta (dezenove páginas na edição Thomas, Teubner), cujo conteúdo é bem distribuído e equilibrado. Ela irrompe com a divisão tripartite da filosofia em natural, moral e racional, como era corrente no período helenístico, e desenvolve o estudo da *ars disserendi*, 'arte de argumentar',[37] que vem a ser não um *instrumento* do saber, mas uma das partes da filosofia. A lógica nele desenvolvida é inequivocamente de orientação aristotélica e dos peripatéticos posteriores e, de forma secundária, manifesta também uma inegável inspiração

---

[35] '*Inscribitur etenim Graece liber hic* Περὶ ἑρμενείας, *quod Latine de interpretatione significat*', *In De Interpretatione*, 294 A, t. 64 ed. Migne. Também poderia ser vertido por *De Elocutione*.

[36] '[...] *quae duae partes orationis interpretantur totum, quidquid conceperit mens ad loquendum. Omnis enim elocutio conceptae rei mentis interpres est*', *Etym.*, II,27,2 ed. Lindsay.

[37] Cf. I,176,4. Já vimos que na edição Thomas, o *Peri Hermeneias* foi dividido em 14 capítulos. Os Capítulos I-IV tratam da proposição e sua classificação; os Cap. V-VI versam sobre a oposição, a equipolência e a conversão; e os Cap. VII-XIV são totalmente dedicados ao estudos do silogismo assertórico (ou categórico).

estoica. Mas, ao assim falar, *não* se quer dizer que sua obra seja uma exposição da lógica de Aristóteles ou de um determinado livro do *Órganon*.[38] Pois, sua doutrina da proposição e da inferência é trabalhada de uma perspectiva por vezes estoica e por vezes consoante àquilo que os peripatéticos pós-aristotélicos vinham há tempos desenvolvendo.[39]

Com efeito, o *Peri Hermeneias* é, na verdade, uma síntese de materiais de proveniência tanto peripatética como estoica, embora não na mesma proporção.[40] Pelo teor, depreende-se que as fontes aristotélicas desta obra seriam basicamente três.[41] O *Da Interpretação*, pela definição de nome e verbo (cap.2-3); por sua definição de proposição (cap.4); quando admite, em oposição ao estoicismo,[42] duas maneiras de negar uma proposição (17b17-19); ao fixar as diversas formas de proposição (cap. 7); ao estabelecer as formas de oposição proposicional (cap. 10). Os *Primeiros Analíticos*, ao estabelecer as formas de conversão (cap. 2); quando define silogismo (VII,184,13-16); ao fixar em três as figuras silogísticas (cap. 4); ao fixar os quatro modos da primeira figura (XIII,193,7-8); ao desenvolver a redução à primeira figura (cap. 5 e 6); ao estabelecer a segunda definição de prova *per impossibile* (XII,191,11-12); e ao sugerir a ordem das premissas no silogismo (XIII,192,30-193,5). E ainda os *Tópicos*, quando distingue proposição de interrogação dialética (VII,183,24-28); a contraposição (VI,183,2-6); e o critério de verdade da proposição particular (V,181,4-7). Nada disso deve surpreender dado o conhecimento que deveria ter adquirido em Atenas do pensamento lógico de Aristóteles e dos peripatéticos posteriores. Por outro lado, a presença do estoicismo notamos através dos seguintes fatos que ele obteve de algum manual de lógica estoica. a) A divisão tripartite da filosofia (I,176,1-4); b) A proposição simples como componente da

---

[38] O que veio causar certos mal-entendidos, uma vez que Apuleio se define como um *'philosophus Platonicus'*. Esta afirmação encontramos em diversas de suas obras (IV,178,16-17), sobretudo, em seus livros mais retóricos, como a *Apologia* e *Florida*. Mas, é um fato inconteste que não existe uma lógica platônica, sempre que 'lógica' significar algo como a ciência da inferência.

[39] Eis o juízo equilibrado dos Kneale a esse respeito. 'Embora seja claro que Platão descobriu alguns princípios válidos de lógica [...], isto, contudo, dificilmente (*scarcely*) bastaria para se lhe chamar de lógico. Pois, ele enuncia seus princípios erraticamente, quando deles carece, e nunca procura correlacioná-los em um sistema como Aristóteles vinculou as diversas figuras e modos do silogismo', W.-M. Kneale, *Development of Logic*, pp. 11-12, cf. ainda pp. 14, 17.0

[40] Há quem entenda que a síntese da lógica aristotélica com a lógica estoica foi pela primeira vez formulada por Galeno (c. 200 d.C.) e sistematizada por Boécio (sécs. V/VI).
[41] Há que se ter presente que Apuleio nada diz a respeito da noção de categoria.
[42] Cf. XII,191,21-25.

complexa (V,179,28); c) A teoria da negação (III,177,22-31;XII,191,21-24); d) A noção de incompatibilidade (μάχη, lat. *pugna*) entre proposições (V,180,1ss); e) A qualificação dos modos perfeitos da primeira figura como 'indemonstráveis' (IX,188,4-11); f) A questão das inferências de uma única premissa (VII,184,18-26); g) Inferências duplicadas e igualmente concludentes (VII,184,26-31); h) O primeiro anapodítico (VII,184,31-185,9); i) O primeiro tema estoico (XII,191,5-10); j) O emprego de variáveis (XIII,193,5-7). Não sabemos a fonte de seu conhecimento de lógica estoica. É possível que ela se derive de Ariston de Alexandria, filósofo acadêmico estoicisante originário da escola de Antíoco de Ascalon que virá, mais tarde, a se tornar aristotélico.[43]

Devemos a Apuleio diversas contribuições à lógica e à sua história, dentre as quais destacamos. De início, a introdução e fixação de novos vocábulos na terminologia da lógica latina. Tal é o que se dá, entre outros, com *quantitas, qualitas, particulares, aequipollentes* e *conversio*; e ainda com *conclusio, condicionalis, demonstratio, enuntiatio, enuntiatum, modus, sententia, propositio*, etc., formas que foram em definitivo assimiladas pela lógica posterior. Além do que acima dissemos, nele vemos pela primeira vez no âmbito da lógica latina, a explícita formulação dos modos subalternos ou atenuados ainda que ele os rejeite. Cumpre também destacar que o *Peri Hermeneias* é um tratado conciso e equilibrado de lógica formal que, em alguns tópicos, revela-se uma importante fonte para o estudo tanto da lógica aristotélica como da lógica estoica. Nele encontramos os indícios dos progressos realizados pela lógica desde sua origem com Aristóteles até seus dias. Em breves capítulos, ele trata das diferentes espécies de proposição (Cap. I); da distinção entre proposição categórica e condicional (Cap. II); da quantidade e qualidade das proposições (Cap. III); dos componentes da proposição (Cap. IV); da oposição (Cap. V); da conversão (Cap. VI); e, por fim, dos modos e figuras do silogismo (Cap. VII-XIV). Nele ainda se observa claramente a distinção entre *modus* e *conjunctio*, e as implicações dessa distinção. Tampouco é desprezível sua contribuição para o estudo da proposição (sua qualidade e quantidade) e da oposição proposicional. Sabemos, com efeito, que Aristóteles é o criador desta última noção, mas Apuleio veio completá-la pelo acréscimo de novas distinções e de uma explicação que sugere um dispositivo gráfico que ele denominou de *quadrata formula* e que, na atualidade, designamos por 'quadrado de oposição'. Neste

---

[43] Hoje há quem afirme que o 'Ariston' por Apuleio mencionado (cf. XIII,193,16s) possa não ser o de Alexandria, mas o filósofo que escreveu um tratado *Sobre o Nilo*, cf. *Dictionnaire des Philosophes Antiques*, vol. I, 1994, p. 397.

tópico em particular, sabemos que ele, formulou explicitamente as noções de subalternação e de subcontrariedade, fato que não vemos em Aristóteles. Por fim, há que se reconhecer que Apuleio tem uma função relevante para o estudo e o conhecimento da lógica estoica, já que veio a assimilar algumas de suas noções; e também para o estudo de Teofrasto, ao lhe atribuir o desdobramento de Darapti; e de igual maneira cumpre não esquecer sua contribuição para a história da lógica em geral ao evidenciar o estado desta disciplina em sua época; e ainda para a investigação a respeito da latinização da terminologia da lógica helênica; e para a transmissão do pensamento grego clássico para o período medieval,[44] pois sabemos que os medievais tiveram acesso ao conhecimento lógico da Antiguidade grega não diretamente, mas através desse tratado.

Nesse tratado também constatamos certas limitações. De fato, ele dá uma explicação inexata dos cinco novos modos de Teofrasto (XIII,193,7-9); calcula de maneira incorreta os modos de cada figura (XV,193,21ss); não há como compreender sua indignação contra os modos de Ariston (XIII,193,16s) indicados com toda a clareza nos *Primeiros Analíticos* (53a16ss) o que mostra que ele não conhecia bem este livro.[45] Mesmo com tudo isso, cumpre reconhecer que o *Peri Hermeneias* é um trabalho de importância excepcional para a história da lógica em geral, e sobretudo para o estudo do processo de latinização da lógica grega.

---

[44] Não esquecer que a lógica medieval é assim periodizada: i) *logica antiqua*, que abrange a *logica vetus* (séc. IX – c. 1130) e a *logica nova* (c. 1130 – final do séc. XIII), e ii) a *logica moderna* (séc. XIII – séc. XV). A *logica vetus* é o período da lógica que se resume ao estudo das *Categorias* e *Da Interpretação* de Aristóteles conjuntamente com as obras de Boécio, Porfírio e Apuleio. A *logica nova*, que sucede a *logica vetus*, só aparece no século XII, quando os demais livros de Aristóteles (*Primeiros* e *Segundos Analíticos*, *Tópicos* e *Refutações Sofísticas*) entraram em circulação no mundo medieval, e se encerra no final do século XII (Cf. Wyllie, G. A evolução da *logica vetus*. *Mirabilia*, 16, 2013/1, p. 201-220). De um ponto de vista histórico, o interesse de uma obra lógica pode por vezes decorrer não de seu valor intrínseco, pelo que encerra de princípios e noções, mas do fato de ter sido a transmissora do conhecimento lógico de uma época para outra, sempre que sem ela esse conhecimento, por certo, nunca teria se propagado.
[45] Cf. I. M. Bocheński, *La logique de Théophraste*, p. 16.

SEGUNDA PARTE

SISTEMA LÓGICO.   Antes de qualquer coisa, cabe dizer que a palavra latina *logica* não ocorre no texto do *Peri Hermeneias*. O que nesta obra mais proximamente expressa esse conceito é *ars disserendi*, que o autor nos diz estar contido numa disciplina mais ampla que recebe o nome de *philosophia rationalis*, que vem a ser uma das três divisões da *philosophia*.[46] Pois, segundo Apuleio, a lógica – isto é, a *ars disserendi* - vem a ser a disciplina (*ars*) do argumentar ou discorrer (*dissere*) mediante proposições assertivas ou declarativas (*orationes pronuntiabiles*), tendo em vista estabelecer ou provar algo. Isto, porém, não é explicitamente declarado pelo autor, mas depreendido do que se lê em suas páginas. Em seu tratado, ele enuncia todos os tipos de proposições de que irá tratar, e ainda o que cumpre entender por argumento, e quando são válidas as relações entre premissa e conclusão. Tudo isto, porém, desenvolvido como um sistema que procede por definições e regras e não como fatos destacados e isolados uns dos outros. E assim, fica evidenciado que o *Peri Hermeneias* tem por objeto de estudo *não* uma lógica material, mas tão-somente a lógica formal.[47]

Neste tratado, Apuleio se propõe a desenvolver a *ars disserendi*, uma disciplina primordialmente discursiva. Para tanto, ele toma como ponto de partida a noção de *oratio*, termo que quer dizer "faculdade de falar", "linguagem", "palavra", e que sugere um modo de existência primordialmente oral. Apuleio não define e nem explica o que entender por *oratio*, mas enumera suas diferentes formas e espécies: pedir, ordenar, narrar etc (I,176,4ss). Entre todas essas formas, porém, a única de interesse lógico é a *oratio pronuntiabilis*, que aqui vertemos por 'discurso assertivo'. Com efeito, o adjetivo *pronuntiabilis*, quando ocorre na locução *oratio pronuntiabilis*, sugere como tradução 'enunciativo', 'declarativo' ou 'asserível'. Não sabemos se a locução *oratio pronuntiabilis* tinha alguma voga entre os lógicos latinos dessa época, ou se foi *ex professo* elaborada por Apuleio para traduzir a expressão aristotélica *lógos apophantikós*.[48] Tal como ele a usa, *oratio pronuntiabilis* é uma forma particular de *oratio* que expressa um sentido completo que é capaz de ser verdadeiro ou falso (*absolutam sententiam comprehendens, sola ex omnibus veritati aut*

---

[46] *Herm.*, I,176,1-4. '[...] *tres species seu partes habere: naturalem, moralem et de qua nunc dicere proposui rationalem, qua continetur ars disserendi.*'
[47] Cf. Sullivan, *Apuleian Logic*, pp. 19-21. Não esquecer que a lógica desenvolvida no *Peri Hermeneias* não é um sistema rigorosamente formalizado, mas tão somente formal.
[48] Cf. *Cat.*, 2a7; *Int.*, 17a2; 20a35.

falsitati obnoxia). Pois, a lógica se fundamenta no fato de ao se proferir uma proposição estarmos obrigados, de um lado, a admitir sua verdade e, de outro, a rejeitar a proposição que a contradiz. Observe-se que Apuleio não nos diz que outros tipos de *orationes* não possam encerrar um sentido ou pensamento. Porém, parece mais convincente afirmar que, embora os demais tipos de *orationes* encerrem igualmente um significado completo só são verdadeiros ou falsos aquelas chamadas de *oratio pronuntiabilis*. Por fim, há que ser dito que Apuleio só utiliza a expressão *oratio pronuntiabilis* uma ou duas vezes no correr de seu livro; na verdade, para denominar as cadeias gráficas ou proferimentos que são verdadeiros ou falsos ele usa quase que exclusivamente a palavra *propositio*[49] que em seu entender lhe é equivalente.[50] E sendo assim, o objeto de estudo inicial da lógica são as *orationes pronuntiabilis* ou, em sua maneira mais abreviada de se expressar, as *propositiones*.

TERMO. Tal como em Aristóteles, nele não encontramos um tratamento especial dedicado ao termo. Aliás, Apuleio sequer usa a palavra *terminus*[51] consagrada pela lógica posterior, mas a palavra latina *particula*, que aqui traduzimos por 'partícula' e não por 'termo'. Isto se deve ao fato de *terminus* e *particula* discreparem quanto à extensão, uma vez que 'termo', em lógica tradicional, compreende apenas os componentes imediatos da proposição categórica, vale dizer, seu sujeito e predicado ou, em outras palavras, os elementos categoremáticos da proposição. Sabemos que esta noção remonta a Aristóteles.[52] Na elaboração de sua lógica, Apuleio não explicita esta noção,

---

[49] Cf. infra nota 56.
[50] Tal é o que se depreende – já que ele não o diz explicitamente – do contexto. Cf. I,176,15-177,2.
[51] Tal como *hóros*, a palavra *terminus* significa "limite", "fronteira" ou "extremidade". Assim, em Cícero lemos que a disputa entre eles não é sobre fronteiras ('*contentio inter eos non de terminis*', *Ac.* II, 43,132). Também consta em Quintiliano '*ut intra quattuor sensus terminarentur*' ('limitar-se a quatro considerações').
[52] Em Platão nada encontramos que se equivalha a palavra 'termo', já que 'nome' (*ónoma*), palavra de que ele se serve, não tem a mesma extensão que 'termo'. Só com Aristóteles esta noção aparece. Note-se que no *De Interpretatione*, Aristóteles não utiliza a palavra *hóros*, mas *ónoma*; só nos *Primeiros Analíticos* é que *hóros* tem lugar como uma palavra técnica, cuja extensão cobre os dois extremos da proposição: o sujeito e o predicado. 'Chamo termo (*hóros*) aquilo em que se decompõe a proposição, isto é, o predicado e aquilo que é predicado, e aos quais se acrescenta "ser" ou "não ser"' (*An. Pr.*, 24b17). Séculos mais tarde, Galeno descreve, com igual clareza, a relação nome/sujeito e verbo/predicado das proposições categóricas. 'Quanto às partes de que elas [as proposições] são constituídas, nós as chamaremos de 'termos' (*horoi*), como é tradicional; por exemplo, na proposição 'Dion passeia' tomamos 'Dion' e 'passeia' como

embora se utilize do vocábulo latino *particula* que só parcialmente a ela se assemelha. Isto talvez se deva ao fato de esta palavra já ser conhecida dos gramáticos de seu tempo. Pois, em seu sistema, a palavra 'partícula' compreende tanto expressões categoremáticas como sincategoremáticas que ocorrem, ou podem ocorrer, no contexto de uma proposição simples ou complexa – expressões como, 'Sócrates', 'homem', 'é', 'são', 'não', 'se', 'ou', 'e', etc. E por esta palavra, Apuleio apreende os três componentes que ocorrem no âmbito das premissas silogísticas: *pars subjecta*, *pars declarans* e *pars communis*. As partículas (categoremáticas) são por ele divididas em finitas ('planta', 'virtuoso') e infinitas ('não-planta', 'não-virtuoso').[53]

Sabemos que entre os séculos I/II d.C. os cursos e manuais tomam, como ponto de partida dos estudos lógicos, não o termo, mas a proposição, no que seguem de perto Aristóteles.[54] Tal é também o que se constata no *Peri Hermeneias* (I,176,13ss) e nos demais manuais que lhe são contemporâneos, em que o ponto de partida dos estudos lógicos é aquilo que correntemente se diz 'proposição' (*propositio*). Diz-nos Aulo Gélio que quando quis se iniciar no estudo da dialética, teve que de início aprender o que vem a ser *axíōma*, isto é, proposição (*'tum, quia in prima in primo* περὶ ἀξιωμάτων *discendum'*, *Noct. Att.*, XVI, 8). De certo modo, é o que também lemos na *Introdução à Lógica* (c. 200 d.C.) de Galeno (II,2).

PROPOSIÇÃO. Como vimos, o ponto de partida da lógica de Apuleio é a proposição (lat. *propositio*, gr. *prótasis*). Sabemos que a palavra *propositio*, em seu uso lógico de enunciado verdadeiro ou falso que encerra um sentido completo, tem sua origem no *Peri Hermeneias*. Não conhecemos um texto anterior que apresente este vocábulo com uma extensão equivalente. Nesta obra é dito que esta palavra já era de uso corrente (*familiarius tamen dicetur propositio*, I,177,1s). Mas, ao que é dado perceber, trata-se de um uso

---

termos, na verdade, 'Dion' como termo subjetivo e 'passeia' como termo predicativo. Deste modo, se uma proposição for constituída de um nome e de um verbo, é desta maneira que convém distinguir os termos' (*Inst. Log.*, II, 2-3 tr. al. Mau). Aqui está, ao que parece, a razão pela qual a lógica posterior veio a chamar o produto da primeira operação do intelecto, como é dito na escolástica latina, ora de 'termo' ora de 'nome'.
[53] Cf. IV,179,10-15.
[54] Com efeito, os *Primeiros Analíticos* expõem, de início, a noção de *prótasis*, 'proposição', enquanto componente imediato de um silogismo, e só a seguir definem o que cumpre entender por *hóros*, 'termo', enquanto componente imediato da proposição, cf. *An. Pr.*, Liv. I, Cap. 1.

18

especializado, como o de "premissa" ou "premissa maior"[55] que persiste, aliás, nessa obra quando *propositio* é tomada no sentido específico de "premissa". Com Apuleio, seu significado se generaliza e se fixa como "expressão dotada de um valor de verdade que expressa um pensamento completo". O uso que ele faz do vocábulo *propositio*, importa não esquecer, cobre exatamente o uso que Aristóteles fez do termo *prótasis*. Esta similaridade de usos fez alguns intérpretes entenderem que *propositio* seria uma mera latinização de *prótasis*.[56] Este vocábulo, como se sabe, quer dizer, seja "premissa", como nos *Primeiros Analíticos*, seja "questão proposta", como nos *Tópicos*, mas com frequência assume também o significado mais extenso de "proposição". Em resumo, em Apuleio, o termo *propositio* cumpre ser traduzido ora por 'premissa', ora por 'proposição', consoante as exigências do contexto.

É no *Peri Hermeneias*, na verdade, que pela primeira vez se acena, ao tratar da proposição, para as diversas espécies de *orationes*, como, pedidos, ordens, indagações etc.; desenvolve o estudo da proposição assertórica do tipo sujeito/predicado; aprofunda a questão de sua estrutura interna distinguindo sua qualidade e quantidade; classifica as proposições em categóricas e hipotéticas; e, por fim, estabelece algumas relações (oposição, conversão e equipolência) entre essas proposições. Tal como ele a caracteriza, como dissemos acima, uma proposição assertórica ou categórica é uma *oratio*; mas não uma *oratio* qualquer, mas a que ele classifica de *oratio pronuntiabilis* e, assim sendo, dotada de sentido completo (*absoluta sententia*) e capaz de ser verdadeira ou falsa (*quod aut verum aut falsum est et ideo propositio est*). Ao que parece, Apuleio distingue na proposição sua inscrição física de seu sentido. Com efeito, ele observa que duas proposições podem diferir enquanto *oratio* (isto é, evento sonoro ou objeto material) e ter, contudo, o mesmo significado (*eadem vi*

---

[55] *Inv.*, I, 59 ed. Ströbel: '*cum propositio sit hoc pacto approbata*', isto é, quando a premissa maior for provada; I, 60: '*negant enim neque a propositione neque*', vale dizer, não separar a premissa maior; etc. De fato, Cícero foi o primeiro usá-la, mas na acepção específica de "premissa maior" que com a segunda premissa (*assumptio*) e a conclusão (*complexio*) constituem um argumento (*argumentatio*). Mais tarde, entre o primeiro e o segundo século, com Quintiliano (*Inst. Orat.*, VII,1,47) e Aulo Gélio (*Noct. Att.*, II,7,21) seu significado se amplia e vem a ser o que na atualidade chamamos gramaticalmente de "proposição": um pensamento completo que expressa um estado de coisas, por vezes envolvendo e por vezes não envolvendo a expressão linguística.

[56] O vocábulo *propositio* é, como vimos, a latinização de πρότασις, e como *rogamentum* e *protensio* são termos equivalentes a *propositio*, segue-se que essas duas palavras podem (e foram) também tidas como tal

Cf. D. Londey & C. Johanson, *ob. cit.*, p.39, 40.

manente). Assim, as proposições 'Apuleio disserta' e 'O filósofo platônico de Madauros utiliza-se de um discurso' têm o mesmo significado (*vis*), embora sejam dois objetos fisicamente distintos.[57]

PROPOSIÇÃO E SUA ESTRUTURA. Em sua forma inicial, a proposição é objeto de estudo da dialética, como vemos nos *Tópicos* aristotélicos, e assume nesse contexto a forma de uma interrogação – *v.g.*, 'A justiça é o interesse do mais forte, ou não?' – a qual o oponente deve assumir a defesa de um de seus membros e procurar refutar o outro. Em outras palavras, se alguém perguntar: 'A justiça é o interesse do mais forte?' temos uma proposição. E caso o arguido venha a assentir, esta indagação se torna, pela remoção da interrogação, uma premissa, que é correntemente denominada de 'proposição'.[58] Mais tarde, quando Aristóteles desenvolveu sua lógica silogística nos *Primeiros Analíticos*, a proposição (*prótasis*) vem a ser um proferimento verbal (*lógos*, lat. *oratio*), uma asserção enunciativa ou declarativa que expressa um significado completo. Ela está, portanto, vinculada à uma expressão verbal, falada ou escrita, sendo uma espécie de discurso que expressa um pensamento completo capaz de ser verdadeiro ou falso.[59] É neste sentido que os *Analíticos* empregam a palavra *prótasis*.[60] E sob a forma de um proferimento declarativo dotado de

---

[57] Para explicar a teoria semântica subjacente ao *Peri Hermeneias*, Sullivan distingue 'proposição' (*propositio*), 'significado' (*sententia*), 'valor de verdade' (*verum aut falsum*) e 'força lógica' (*vis*). E nesse sentido, ele nos diz que essas duas proposições têm a mesma força lógica (isto é, são logicamente equivalentes) sem que tenham o mesmo significado. Elas descrevem o mesmo fato e são logicamente equivalentes, mas não são sinônimas. Cf. *Apuleian Logic*, p. 23.

[58] Cf. VII,183,24-28. Este exemplo, tomamos de Platão, *República*, 338C.

[59] O princípio de que toda proposição é verdadeira ou falsa é, por Cícero, qualificado de *fundamentum dialecticae* (*Acad.* II, 95).

[60] Em acepção lógica, πρότασις tem, em Aristóteles, mais de um significado e, em consequência, mais de uma tradução. Um, vemos nos *Tópicos*, e outro encontramos nos *Primeiros Analíticos*. Mas tanto em uma obra como em outra, *prótasis* é sempre tomada como o ponto de partida de um *syllogismós* seja ele dialético ou analítico, e daí sua tradução por 'premissa'. No primeiro caso, seu conteúdo será endoxal, e no segundo, será demonstrativo. Nos *Primeiros Analíticos*, esta palavra dispõe claramente de dois significados. O primeiro, "proposição", isto é, de 'uma expressão (λόγος) que afirma ou nega algo de algo' (*An. Pr.*, 24a16). Esta definição, como vemos, não se utiliza das noções de verdade e falsidade, para estabelecer o que vem a ser uma *prótasis*, 'proposição'. O segundo significado do termo πρότασις é o de "premissa", em sentido moderno, isto é, da proposição que se admite ou assume (λαμβάνειν, ὑπολαμβάνειν) numa inferência e serve de fundamento para a conclusão (*An. Pr.*, 42a32; *An. Post.*,77a37).

um valor de verdade que ela é hoje correntemente definida em todos os tratados de lógica que se servem desta palavra. Mas, Apuleio adverte que no mundo latino, com o decorrer do tempo, aquilo que pode ser verdadeiro ou falso veio a receber outras designações: *effatum, proloquium* e *enuntiatum*.[61]

A) SIMPLES E COMPLEXA. A divisão das proposições em simples e complexas não era desconhecida de Aristóteles[62] e seu estudo veio a se tornar trivial entre os estoicos;[63] e sabemos também que era sobejamente conhecida no segundo século de nossa era.[64] Apuleio tampouco a desconhece e entende que, segundo a complexidade, as proposições se dividem em duas classes que, em sua terminologia, são assim expressas: i) predicativa (*praedicativa*) ou, como dizemos, proposição simples – *v.g.*, '*Qui regnat, beatus est*', isto é, 'Quem reina é feliz'; e ii) substitutiva ou condicional (*substitutiva* ou *condicionalis*) ou, na terminologia atual, proposição complexa – *v.g.*, '*Qui regnat si sapit, beatus est*', vale dizer, 'Quem reina, se é sábio, é feliz'. Esta proposição recebe o nome de 'condicional' porque uma condição é posta: quem reina, não sendo sábio, não é feliz (*nisi sapiens est, non sit beatus*).[65] Mas, não se percebe a razão pela qual ele foi levado a se utilizar do vocábulo *substitutiva*, para designar a proposição condicional, e também nada é dito sobre sua estrutura e variedade. Portanto, na nomenclatura de Apuleio uma *propositio praedicativa* é o que hoje chamamos de 'proposição simples', enquanto que *propositio substitutiva* ou *condicionalis* é o que hodiernamente denominamos de 'proposição complexa'.[66] Do ponto de vista da lógica atual, ambas as proposições são igualmente complexas. E por tal razão, segundo esse ponto de vista, inaptas para caracterizar o que vem a ser uma proposição simples. Porém, de um ponto de vista gramatical, pode-se dizer que a primeira é simples – já que envolve uma única oração - enquanto que a segunda, por envolver duas orações, é complexa. Apuleio nada mais diz a respeito da proposição complexa, pois o *Peri Hermeneias* se ocupa exclusivamente com o estudo da

---

[61] Esta hesitação quanto a tradução do termo *prótasis*, de proveniência aristotélica, e do vocábulo *axíõma*, quando de origem estoica, era, nesse momento, muito frequente, uma vez que a distinção entre esses dois sistemas terminológicos praticamente desaparecera. Sabemos que Apuleio se esforça em encontrar um equivalente latino para *prótasis* e, nesse sentido, propõe *protensio* e *rogamentum*, mas, acabará por utilizar *propositio* aparentemente mais em voga.
[62] Cf. *De Int.*, 17a20-23.
[63] Cf. Sexto, *A.M.*, VIII,108-112; Diógenes Laércio, VII, 71-74.
[64] Cf. Alexandre, *In An. Pr.*, 11.17-20; Galeno, *Intr.*, III,1.
[65] *Herm.*, II.
[66] Que também poderia ser uma condicional (ou implicação) ou uma disjunção (ou "conflito").

proposição simples – o que é feito, em certo sentido, seguindo as linhas traçadas pelo *Da Interpretação* de Aristóteles.

B) DEFINIÇÃO. Apuleio não oferece nenhuma definição ou descrição geral da proposição simples. Portanto, tudo que a seu respeito pode ser dito decorre das operações realizadas sobre os exemplos aduzidos. Segundo Sullivan, é difícil entender como uma proposição do tipo 'Quem reina é feliz', cuja forma é

$$(x) \, (Rx \rightarrow Fx)$$

possa ser tida por ele como simples.[67] Em torno desta consideração, importa dizer o seguinte. De início, cabe não esquecer que na Antiguidade clássica as proposições tidas como simples são geralmente, segundo os critérios da lógica contemporânea, complexas. A única exceção seria talvez a proposição singular afirmativa, como 'Apuleio disserta' ou 'Apuleio é sábio' em que se atribui um predicado a um sujeito singular. Mas, o que dissemos não se aplica à negativa 'Apuleio não é sábio' que é complexa, segundo os critérios da lógica atual. Tal é também o caso das quatro formas de proposições categóricas – como, 'Todo homem é animal', 'Algum animal não é homem' etc. –, proposições tidas tradicionalmente pela lógica clássica como simples. Finalmente, cabe ter presente que a proposição 'Quem reina é feliz' – o exemplo de que ele se serve para esclarecer o que entende por proposição simples – não passa de uma variante estilística de 'Todo o que reina é feliz', que é uma universal afirmativa, tida pela tradição igualmente como simples.[68]

C) QUANTIDADE E QUALIDADE. Seguindo a tradição aristotélica, a proposição categórica além do sujeito e do predicado, envolve ainda duas ou três das seguintes constantes lógicas 'todo', 'algum', 'nenhum', 'é' e 'não'. Com isso, Apuleio é levado a distinguir em toda proposição simples a quantidade da qualidade. Contudo, ele não define e nem caracteriza de maneira geral o que entende por qualidade e quantidade. Estes dois termos, que tiveram a mais ampla aceitação e difusão, foram introduzidos na terminologia lógica, como se sabe, por Apuleio.

Sob o aspecto da *quantidade* (*quantitatis*) as proposições podem ser: 1) universais (*universales*), *v.g.*, '*Omne spirans vivit*' (= 'Tudo o que respira vive');

---

[67] *Apuleian Logic*, pp. 25-26.

[68] Embora ele exemplifique uma proposição simples mediante a expressão 'Quem reina é feliz', no correr de sua obra ele só se utilizará das quatro formas categóricas de proposição fixadas por Aristóteles.

2) particulares (*particulares*), *v.g.*, '*Quaedam animalia non spirant*' (= 'Alguns animais não respiram'); e 3) indefinidas (*indefinitae*), *v.g.*, '*Animal spirat*' (= 'Animal respira').[69] (Aqui, as palavras latinas *universalis*, *particularis* e *indefinita* – não me refiro evidentemente aos termos gregos correspondentes καθολικός, μερικός e ἀδιόριστος - foram, pela primeira vez, utilizadas no âmbito da lógica latina). As duas primeiras podem ser ditas 'definidas', enquanto que esta última é dita 'indefinida' porque não quantifica ostensivamente o termo subjetivo com as partículas 'todo'(*omnis*) ou 'algum'(*quidam* ou por vezes *aliquis*). Do ponto de vista da linguagem corrente, uma proposição geral pode ser interpretada como expressando tanto uma proposição universal como uma particular. De acordo com Apuleio, no que também segue Aristóteles, uma proposição indefinida cabe ser, em princípio, assimilada a uma particular, 'pois, é mais seguro receber o que é menos daquilo que é incerto'.[70] Importa ainda ser dito que Apuleio não faz, em sua classificação quantitativa da proposição, qualquer referência à proposição singular, isto é, aquela cujo termo subjetivo se refere a um e somente um indivíduo – *v.g.*, 'Apuleio argumenta' ou 'O filósofo platônico de Madauros utiliza-se de um discurso'. Em sua teoria lógica, Apuleio só considera as proposições universais e particulares. Observe-se que esta classificação das proposições quando a extensão de seu termo subjetivo é a que encontramos nos *Analíticos* de Aristóteles.[71]

Sob o aspecto da *qualidade* (*qualitatis*) as proposições se dividem em duas classes: 1) as afirmativas (*dedicativae*) porque elas afirmam (*dedicant*) algo de um objeto (*aliquid de quopiam*), *v.g.*, '*Virtus bonum est*' (= 'A virtude é um bem'); e 2) as negativas (*abdicativae*) porque negam (*abdicant*) algo de um objeto (*aliquid de quopiam*), *v.g.*, '*Voluptas non est bonum*' (= 'O prazer não é um bem').[72] Não é difícil perceber a estreita correlação, de um lado, entre *dedicativa* /*kataphasis* e, de outro, entre *abdicativa* / *apophasis* - vale dizer, entre a terminologia apuleiana e a aristotélica. Segundo os estoicos, só a negação prefixada – isto é, aquela em que a partícula negativa incide sobre a proposição como um todo – é genuinamente uma negação, pois em seu entender o fato de o negador incidir sobre o sujeito ou sobre o predicado ou sobre ambos os extremos da proposição não a torna negativa. Contra essa teoria estoica se insurge Apuleio, que a esse respeito segue a doutrina de

---

[69] Cf. III, 177, 11-14.
[70] III, 177, 15s.
[71] *An. Pr.*, 24a16ss.
[72] III,177, 17-22.

Aristóteles, e entende que cumpre negar a cópula ou verbo de ligação (cf. *Herm.*, III).

D) SUJEITO E PREDICADO. De acordo com Apuleio, no que ele segue Platão, uma proposição é constituída de um nome e de um verbo, que são em seu entender as 'duas menores partes do discurso'.[73] E para ilustrar sua afirmação ele oferece a proposição 'Apuleio argumenta'. E acrescenta ainda que 'alguns quiseram nelas ver as duas únicas partes do discurso ... pelo fato de elas encerrarem um pensamento completo'.[74] O texto em que esses dois conceitos são mais claramente explicitados é o seguinte. Das duas partes da proposição, 'uma é dita subjetiva ..., como 'Apuleio'; e a outra é dita 'predicativa', como 'argumenta' ou 'não argumenta'.[75]

Analisando os aspectos funcionais dos termos subjetivo e predicativo, Apuleio assinala os seguintes aspectos. De início, cabe ser dito que o sujeito ou o predicado de uma proposição pode ser, respectivamente, um nome ou uma construção linguística que exerça uma função nominal, ou então um verbo ou uma expressão que exerça uma função predicativa (IV,178,15-18). Neste caso, os termos subjetivo e predicativo podem ser afetado ou não pela partícula negativa 'não'; na primeira hipótese, temos um sujeito ou um predicado infinito (*v.g.*, 'não-homem'), enquanto que na segunda, temos um sujeito ou um predicado finito (*v.g.*, 'homem'). Em segundo lugar, a parte subjetiva tem uma extensão menor que a da parte predicativa, em outros termos, a relação entre sujeito e predicado é aquela que se observa entre o singular ou particular (isto é, o indivíduo ou a espécie) e o universal (ou o gênero) o que é facilmente reconhecido pelo fato de a parte predicativa abranger um maior número de itens que a parte subjetiva. E reciprocamente, a parte subjetiva da proposição se distingue da parte predicativa pela primeira encerrar menos coisas que a segunda. Esta é, aliás, a forma mais imediata de distinguir os extremos de uma proposição mediante um procedimento extensivo.[76] Em terceiro lugar, pode ocorrer o caso em que o termo subjetivo seja tão extenso quanto o termo predicativo; tal coextensão se dá, nos diz ele, quando o predicado encerra um próprio do sujeito – *v.g.*, 'Todo cavalo relincha'. Em quarto lugar, Apuleio

---

[73] Cf. IV,178,1-4. Importa ser dito que nenhuma dessas palavras é por ele definida ou explicada. Por certo, por entender que se trata de um conhecimento trivial.

[74] IV,178,4-7.

[75] IV,178, 12-15.

[76] Cf. IV,179, 6-8. Há ainda um outro critério mediante o qual é possível distinguir um extremo de outro, uma vez que a parte predicativa 'nunca é expressa por meio de um nome, mas sempre por meio de um verbo' (IV,179,8-10). Um princípio que nos parece antes gramatical que lógico.

24

observa que se os extremos da proposição não tiverem a mesma extensão, não será possível proceder sua inversão *salva veritate*. Assim, 'Toda virtude é louvável' não cabe ter seus extremos transpostos sob a forma 'Tudo o que é louvável é virtude' (IV,179,1-3).

E) PROPOSIÇÕES CATEGÓRICAS. Para a construção de seu sistema silogístico, Apuleio, seguindo proximante Aristóteles, se utilizou de uma forma proposicional – posteriormente descrita como *de tertio adjacente* – que envolve três termos[77] e que veio a ser denominada de 'proposição categórica'. Com isso, passamos a ter quatro espécies de proposição: universais e particulares, e cada uma delas se subdividindo em afirmativas e negativas. Eis como elas se distribuem, segundo a terminologia apuleiana: 'universal dedicativa' (universal afirmativa), 'universal abdicativa' (universal negativa), 'particular dedicativa' (particular afirmativa) e 'particular abdicativa' (particular negativa), assim exemplificadas:[78]

Toda virtude é louvável

Nenhuma virtude é louvável

Alguma virtude é louvável

Alguma virtude não é louvável

Tais proposições – algumas das quais são verdadeiras e outras falsas – podem ser representadas simbolicamente de diversas maneiras. Aqui, observaremos a seguinte convenção. Sejam respectivamente os esquemas,

Asp, Esp, Isp e *Osp.*

Note-se que um esquema *não* é nem verdadeiro nem falso, já que eles expressam *classes* e não *uma* determinada proposição. Aqui, as letras maiúsculas (*A, E, I, O*) são quatro constantes lógicas, enquanto que as letras minúsculas (*s, p*) são variáveis terministas. Importa dizer que ele também não desconhece, como Aristóteles,[79] a existência da proposição indefinida - como, 'Animal respira' – proposição que se caracteriza por 'não explicitar se se trata

---

[77] Cf. *An. Pr.*, I, Cap. 2.
[78] Cf. *Herm.*, III. Já dissemos acima que não usaremos termos latinos transliterados quando em português houver um equivalente perfeito para o mesmo.
[79] Cf. *An. Pr.*, 26a28-33.

de todo ou de algum [animal que respira]'. E a seu respeito ele afirma a seguir que ela é 'sempre verdadeira [se interpretada] como particular.'[80] Cumpre notar, que a cópula 'est' é normalmente omitida em muitos de seus exemplos, como em 'Omne iustum honestum'. Aliás, isto só não ocorre com a proposição particular negativa em que 'non est' nunca é (e nem poderia ser) omitida. (Na universal negativa o verbo pode ser suprimido ao se utilizar de 'nullum', 'nenhum'). A razão de ser deste fato, ele não o explica, o que ensejou diversas conjecturas. Uma das quais a de que Apuleio encara 'a cópula est como se fosse uma constante lógica'.[81] Tal consideração enseja as seguintes observações. De início, cumpre dizer que não é um hábito dos lógicos suprimir as constantes lógicas e, portanto, não vemos como isto possa ser alegado como uma explicação de tal fato. Em segundo lugar, 'non est', que também é uma constante lógica, não é por ele eliminado. Em nosso entender, o que levou Apuleio a suprimir o verbo 'est' dos exemplos foram razões estilísticas inerentes à língua latina.[82] Em nossa tradução e na presente introdução seguiremos a gramática convencional e, assim, 'est', mesmo implícito, sempre será explicitamente enunciado ligando os extremos das proposições.

Em nenhum lugar, Apuleio exemplifica ou expõe suas proposições e inferências se utilizando de símbolos, mas tampouco faz qualquer objeção a seu uso. Contudo, no Capítulo XIII nos deparamos com a construção 'si primum, secundum; atqui primum, secundum igitur' (193,6-7). Sabemos que primum e secundum são, no sistema estoico, variáveis para proposições. Ele também expressa um silogismo aristotélico da seguinte maneira: 'A de omni B, et B de omni Γ; igitur A de omni Γ' (193,1-2). Sabemos também que A, B e Γ são, no sistema de Aristóteles, variáveis terministas. No entanto, esses exemplos não representam seu modo corrente de operar. De fato, em toda exposição dos diversos tipos de inferência ele sempre se vale ou de sua descrição ou ainda de um exemplo concreto. Neste último caso, cabe a quem lê abstrair sua forma para apreender o que há de comum a toda classe de proposições e inferências que o exemplo sugere. Tendo fixado essas quatro

---

[80] III,177,15-16.

[81] M. W. Sullivan, Apuleian Logic, p. 61.

[82] É sabido que o interesse pelo estudo da função sintática da cópula que se aprofunda com Platão e Aristóteles perdurou por muitos séculos, inclusive no mundo latino como observamos, por exemplo, em Cícero: caso Crasso, nos diz ele, esteja morto (ou não exista) melhor será dizer 'Desventurado Crasso' ('Miser Crassus') do que 'Desventurado é Crasso' ('Miser est Crassus'), Tusc. Disp., I, 6,13.

formas de proposição, ele veio a desenvolver seu estudo da oposição, da equipolência e da conversão[83] sem manifestar – aliás, como fez igualmente Aristóteles - a natureza do procedimento dedutivo que tem lugar nessas três formas de operação que envolvem, como sabemos, uma única premissa.

Um tópico da maior importância no domínio da lógica é, sem dúvida, a questão da existência. Historicamente, o problema assim chamado do 'importe existencial' só se impõe de maneira explícita no século XIX quando surgem a álgebra booleana (1847) e a lógica de Frege (1879). Sua importância não se radica propriamente na relação que se dá entre existência e verdade no âmbito das proposições isoladas, mas no nexo entre existência e validade no plano inferencial. Não obstante a importância desta questão, Aristóteles nada diz a seu respeito no âmbito das proposições gerais em seus *Analíticos*. Mas, um conjunto de indícios deixa inequívoca sua posição a este respeito. Na lógica aristotélica, os termos 'A' e 'B' devem ser interpretados de tal modo que venham a designar classes que i) encerrem pelo menos um elemento, vale dizer, que se refiram à classes não vazias (isto é, não contraditórias); e ii) excluam pelo menos um elemento, quer dizer, que não se refiram à classes universais (isto é, não singulares). Ficam assim *ipso facto* excluídos os termos vazios e singulares, como extensão dos extremos das proposições gerais. Tais são as classes utilizadas pela lógica aristotélica e costumeiramente designadas 'classes gerais' – *v.g.*, as classes dos homens, dos animais, dos filósofos, dos atenienses etc, uma vez que nenhuma delas é vazia ou universal. O que *não* se dá com a lógica simbólica que opera tanto com classes gerais, unitárias e vazia. Daí a razão do desacordo de uma lógica com a outra.

OPOSIÇÃO.   Os resultados formais da noção de oposição são de importância para o estabelecimento da teoria silogística, tanto aristotélica como apuleiana. Apuleio expõe com relativa minúcia a oposição que se dá entre as quatro formas de proposições assertóricas, levando em conta sua qualidade e quantidade, seguindo proximamente a solução de Aristóteles. De fato, Aristóteles reconhece de forma explícita - no que diz respeito às proposições gerais - dois tipos de oposição: i) a oposição contrária (sempre que ambas possam ser conjuntamente falsas, mas nunca conjuntamente verdadeiras); ii) a oposição contraditória[84] (sempre que uma sendo verdadeira a outra será falsa). Mas, ele não desconhece a existência de duas outras formas, pois as utiliza em sua silogística tanto dialética quanto analítica: iii) a oposição de subalternação;

---

[83] Cf. *Peri Herm.*, Cap. V e VI.
[84] Cf. *An. Pr.*, 63b23-30; 59b8-11.

e iv) a oposição de subcontrariedade. Dentre essas quatro formas, porém, só as três primeiras são por Aristóteles consideradas autênticas oposições; a subcontrariedade, ainda que arrolada entre os opostos (*An. Pr.*, 59b8-11), será por ele adiante considerada 'apenas verbal' (κατὰ τὴν λέξιν, 63b27-28).

Contudo, sabemos que Apuleio obteve um número maior de resultados que Aristóteles.[85] Mas, mesmo assim, ele não chegou à completa explicitação de todas as suas formas. Em sua exposição ele se serve das relações que se encontram dispostas num esquema gráfico que dele recebeu o nome de *quadrata formula*, 'quadrado de oposição', nome que em definitivo se consagrou. Tais relações se dão entre proposições que, mantendo os mesmos extremos, divergem quanto à qualidade e à quantidade.[86] Mais precisamente, duas proposições são opostas caso disponham dos mesmos extremos e na mesma ordem, mas se distingam seja pela qualidade ou seja pela quantidade ou ainda por ambos os aspectos. Apuleio reconhece de forma explícita apenas os seguintes três tipos de oposição: contrárias, subcontrárias e contraditórias.[87] De maneira mais explícita:

(i) as contrárias (*incongruae*, 'inconsistentes'), ambas as proposições universais,

$$Asp \ \& \ Esp$$

que podem ser conjuntamente falsas, mas nunca conjuntamente verdadeiras e, assim, se uma for verdadeira então a outra terá que ser falsa;

(ii) as subcontrárias (*subpares*, 'quase-iguais'), ambas as proposições particulares,

$$Isp \ \& \ Osp$$

que podem ser conjuntamente verdadeiras, mas nunca conjuntamente falsas e, assim, se uma for falsa, a outra terá que ser verdadeira; e

(iii) as contraditórias (*alterutrae*, 'alternadas'), proposições que se opõem tanto pela qualidade como pela quantidade,

$$Asp \ \& \ Osp$$

---

[85] As oposições de *subcontrariedade* e *subalternação* não constam explicitamente em nenhuma de suas obras. Porém, não se pode dizer que ele as desconheça, já que delas se serve ao urdir seus argumentos. De forma explícita, tais relações só surgem no *Peri Hermeneias* de Apuleio.

[86] Cf. *Peri Herm.*, V.

[87] Tais formas de oposição constam do conjunto de instruções que cumprem ser observadas no sentido de elaborar o quadrado de oposição.

e ainda de

$$Esp \ \& \ Isp$$

que não podem ser conjuntamente verdadeiras nem conjuntamente falsas: se uma for verdadeira, a outra será necessariamente falsa.

Apuleio nada diz de maneira explicita e tampouco sugere uma denominação para a oposição de subalternação, isto é, aqueles dois pares de proposições subalternantes / subalternadas que divergem apenas quanto a quantidade:

Todo S é P / Algum S é P

e

Nenhum S é P / Algum S não é P.

Contudo, ele nos informa que a) se uma universal, afirmativa ou negativa, for verdadeira, então sua particular correspondente será também verdadeira – mas a recíproca não é válida; e b) se uma particular, afirmativa ou negativa, for falsa, então sua universal correspondente será igualmente falsa - aqui também a recíproca não é válida. E, por fim, Apuleio nos assegura que uma universal, afirmativa ou negativa, pode ser destruída de uma das três seguintes maneiras: i) quando sua particular for falsa; ii) quando sua contrária for verdadeira; ou ainda iii) quando sua contraditória for verdadeira.[88]

EQUIPOLÊNCIA.   Apuleio define como equipolentes as proposições que são 'simultaneamente verdadeiras ou simultaneamente falsas, sendo uma intercambiável com a outra, como o são [entre si] a indefinida e a particular'.[89] A equipolência (< aequipollentia), diferentemente da igualdade, é uma relação entre proposições. Ao que se depreende das palavras acima, para que duas proposições sejam equipolentes, cumpre que i) sejam diferentemente enunciadas (alia enuntiatione); ii) apresentem o mesmo significado (tantundem possunt); e iii) encerrem o mesmo valor de verdade (simul verae aut falsae). Um exemplo de tal operação poderia ser 'Apuleio disserta' e 'O filósofo platônico madaurense discorre', em que tem lugar os três quesitos acima. No entanto,

---

[88] V,181,1-2.

[89] V, 181,9-11. Esta noção, ao que parece, não recebeu de Aristoteles uma atenção especial. Historicamente falando, é aqui que tem origem a tradição multissecular acerca da noção e do termo 'equipolência'.

mais de uma operação lógica poderia corresponder a caracterização acima. Para remediar esta dificuldade, Apuleio a seguir acrescenta que 'toda proposição que for precedida por uma partícula negativa torna-se equipolente a sua contraditória'.[90] Ao restringir a regra da equipolência, ele faz deste termo um sinônimo do que hoje dizemos 'equivalência extensiva'. Por esta regra torna-se possível reconstruir com exatidão o que entender por 'equipolência' ou 'equivalência'. Pois, com isto, é imediato concluir que as proposições Asp, Esp, Isp e Osp têm como equipolentes a negação de suas contraditórias, fato aqui representado pelos seguintes pares de bi-implicações:

$$Asp \leftrightarrow \sim Osp$$
$$Esp \leftrightarrow \sim Isp$$
$$Isp \leftrightarrow \sim Esp$$
$$Osp \leftrightarrow \sim Asp$$

Deste modo, cabe afirmar que 'Todo prazer é um bem' é equipolente a 'Não é o caso de que algum prazer não é um bem', como exemplifica Apuleio.[91] E deste modo, é lícito dizer que estas quatro leis são as leis de equivalência ou equipolência.

CONVERSÃO. Apuleio expõe de maneira detalhada a teoria da conversão.[92] Contudo, ele nada diz se a conversão é ou não uma forma de inferência. Sem dúvida, ele a toma como um procedimento auxiliar do silogismo. No que segue proximamente a concepção de Aristóteles. Segundo ele, uma proposição

---

[90] V,181,12-13.
[91] *Herm.*, Cap. VI.
[92] Cf. *Herm.*, Cap. VI. Aristóteles desenvolve a questão da conversão das proposições, em uma passagem extremamente densa, em que exclui tanto as proposições singulares como as indefinidas e se fixa apenas nas universais e particulares (*An. Pr.*, I, 2). Como as proposições (ou formas proposicionais) gerais são classificadas em: universais afirmativas ou negativas, e particulares afirmativas ou negativas, cabe discutir o problema da conversão tendo em vista essas quatro formas de proposição. Em síntese, eis como se comporta a conversão, segundo ele

Convertente	*Aab*	*Eab*	*Iab*	*Oab*
Conversa	*Iba*	*Eba*	*Iba*	X

categórica se converte se e somente se a forma original sujeito/predicado se transformar em predicado/sujeito – isto é, se seus extremos trocarem de lugar – mantendo, porém, o valor de verdade inalterado (VI,181,19-23). Assim, 'Nenhum sábio é ímpio' se converte em 'Nenhum ímpio é sábio'. De um ponto de vista formal, 'conversão' é a designação que se dá a um conjunto de regras cuja característica comum consiste em possibilitar a inversão da ordem de ocorrência dos termos extremos de uma proposição categórica de tal modo que seus termos subjetivo e predicativo passem a ocorrer, respectivamente, como termos predicativo e subjetivo da proposição convertida, sem que o valor de verdade e sua qualidade, afirmativa ou negativa, sejam alterados. Tal é o caso de

$$Esp \leftrightarrow Eps$$
$$Isp \leftrightarrow Ips$$

- isto é, das universais negativas e particulares afirmativas. Pois, como vemos acima, a universal negativa se converte em uma universal negativa, mantendo sempre sua extensão; e a particular afirmativa se converte em uma particular afirmativa por idêntica razão. Como se vê, elas constituem uma implicação recíproca, uma vez que toda universal negativa implica uma universal negativa e, de igual modo, toda particular afirmativa implica uma particular afirmativa. Cumpre não confundir as duas formas de conversão acima com uma operação igualmente válida que recebe o nome de *contraposição*, vale dizer,

$$Asp \leftrightarrow Ap's'.$$

- onde *s'* e *p'* significam não-*s* e não-*p*, respectivamente. Também há que se distinguir a conversão da *reciprocação* que é um procedimento que se aplica validamente às proposições que expressam seja uma definição (*v.g.*, 'Homem é animal racional' / 'Animal racional é homem') seja o próprio (*e.g.*, 'Todo cão late'/ 'Tudo o que late é cão').[93] Desnecessário dizer que também aqui Apuleio nada diz a respeito da questão do importe existencial.

Na assim chamada 'conversão acidental' além da transposição dos termos, há também a mudança de quantidade da proposição para que seja mantido o valor de verdade. É o que se dá com a universal afirmativa

---

[93] Cf. VI, 182, 15-17.

$$Asp \rightarrow Ips.$$

Aqui, não vale a recíproca, isto é, o fato de *Isp* ser verdadeira nem sempre garante que *Aps* seja igualmente verdadeira. Também não é válida a implicação *Asp* → *Aps*, e tampouco é válida a implicação *Osp* → *Ops*. Como veremos mais adiante, está teoria é de fundamental importância para a obtenção de conclusões convertidas ou indiretas.[94] O que por si só justifica sua presença em seu sistema.

---

[94] VI, 182, 25-27.

TERCEIRA PARTE

SILOGISMO. No segundo século de nossa era, tanto Galeno[1] como Apuleio nos oferecem uma exposição detalhada da silogística categórica ou assertórica[2] que, em um ou outro detalhe, se afasta daquela que vemos nos *Analíticos* aristotélicos. Nos Capítulos VII-XII do *Peri Hermeneias*, Apuleio desenvolve sua teoria do silogismo, de grande interesse histórico, uma vez que constitui o texto que fundamentará todo o ensino a esse respeito entre os séculos V e XII, isto é, de Marciano Capela à escola de Chartres e os parvipontanos. De início, importa ter presente que um silogismo pode ser especificado de *duas* maneiras: por descrição (ou circunscritivamente) ou de maneira esquemática. Para ilustrar o que acabamos de dizer seja o modo Barbara da primeira figura, que Aristóteles especifica esquematicamente da seguinte maneira:[3]

> Se A é predicado de todo B
> e B é predicado de todo C
> então, A é predicado de todo C.

Por outro lado, esse mesmo modo silogístico é por ele descrito nos seguintes termos: na primeira figura, o primeiro modo, é aquele que em que o termo médio é o sujeito da premissa maior e predicado da premissa menor.[4]

Apuleio se vale do termo *collectio*[5] (e não do termo *syllogismus*), para designar o que desde Aristóteles é chamado de 'silogismo'. Nem sempre cabe dizer que *collectio* seja uma tradução fiel do vocábulo aristotélico *syllogismós*, já que Aristóteles utiliza esta palavra em sentido tão extenso que por ela só se

---

[1] *Inst. Log.*, Cap. VIIss.
[2] É de estranhar que quem tratou do silogismo categórico de modo tão detalhado não viesse a escrever uma única linha sobre o silogismo hipotético tão minuciosamente estudado pelos estoicos e amplamente conhecido em sua época.
[3] *An. Pr.*, 25b37-39.
[4] Em se tratando da silogística categórica, à exceção do modo Darapti, pode-se dizer que, em princípio, esses sistemas de representação se equivalem.
[5] De forma explícita, Apuleio não qualifica de *collectio*, 'inferência', a oposição, a equipolência e a conversão, provavelmente por estas envolverem apenas uma única premissa; por outro lado, ele também não nos diz a que gênero que operação formal pertenceriam.

exclui os argumentos indutivos.[6] Todas as formas de argumentos dedutivos aristotélicos giram em torno da noção de *syllogismós* e sabemos que este vocábulo é, na acepção que ele lhe dá, tão extenso quanto os termos 'dedução' ou 'inferência dedutiva'. De fato, quando Aristóteles se propõe a estudar a dialética, os sofismas e a silogística analítica – os três grandes temas em torno dos quais gravitam suas preocupações lógicas – sempre toma a palavra *syllogismós* e sua respectiva definição como ponto de partida.[7] A palavra de que se serve Apuleio para designar um argumento ou inferência é *collectio* e, por vezes, *conclusio*, caso em que se aplica ao todo o nome de um de seus componentes. Não obstante sua extrema generalidade, Apuleio se vale, ao definir *collectio* – sua designação para silogismo categórico – o mesmo *definiens* com que Aristóteles caracteriza sua noção ampla e abrangente de *syllogismós*, isto é, 'um discurso em que certas coisas sendo concedidas, outra coisa distinta das que foram concedidas segue-se necessariamente por força daquilo mesmo que foi concedido'.[8] De um ponto de vista estritamente formal, esta definição apresenta duas sérias limitações. A primeira, é o fato de não ser reciprocável, exigência de toda definição. A segunda, consiste em ser a definição não propriamente de silogismo, mas de silogismo válido, já que ela exige que a conclusão decorra necessariamente das premissas, o que só é possível em tais silogismos. Na prática, porém, Apuleio acaba por aplicá-la

---

[6] Na verdade, como já se observou, a definição aristotélica de *syllogismós* é a um tempo por demais ampla e por demais restrita. Ampla, na acepção de que se aplica a toda inferência dedutiva de mais de uma premissa; e por demais restrita, na medida em que acaba por descrever não apenas o que vem a ser uma inferência, mas se circunscreve a caracterizar o que entender por inferência válida.

[7] Aristóteles classifica as diversas formas ou espécies de *syllogismoí* - levando em conta sua força probatória - em duas de suas obras: *Tópicos* e *Refutações Sofísticas*. Os *Tópicos* classificam os *syllogismoí* em: demonstrativos, dialéticos, erísticos e paralogísticos (*Tóp.*, 100a27-100b24). As *Refutações Sofísticas* distinguem, de início, quatro tipos de *syllogismoí*: didáticos, dialéticos, peirásticos e erísticos, todos em forma de diálogo; e algumas linhas abaixo, arrola ainda uma última espécie: os demonstrativos (*Soph. El.*, Cap. II).

[8] *Herm.*,VII,184,13-16. É a versão *verbo ad verbum* do que lemos em *An. Pr.*, 24b18-20: συλλογισμὸς δέ ἐστι λόγος ἐν ᾧ τεθέντων τινῶν ἕτερόν τι τῶν κειμένων ἐξ ἀνάγκης συμβαίνει τῷ ταῦτα εἶναι, que fora antes traduzido para o latim por Aulo Gélio nos seguintes termos 'syllogismus est oratio, in qua concessis aliquibus aliud quiddam praeter illa, quae concessa sunt, necessario evenit, sed per illa ipsa concessa'(*Noct. Att.*,XV,26).

tanto às formas válidas como às inválidas, isto é, aquelas em que a conclusão não se segue das premissas.

De um ponto de vista mais operatório, para se caracterizar o conceito de silogismo é de fundamental importância estabelecer, *ex nunc*, se sua definição vai envolver ou não a conclusão, isto é, se entendemos por 'silogismo' tão-somente um *par de premissas* ou então, um *par de premissas associado a uma conclusão*.[9] Pois, pode-se definir silogismo de duas maneiras. Consoante a primeira, o que se chama de 'silogismo' se resume apenas a seu par de premissas[10] que podem ser afirmativas ou negativas, universais ou particulares e, deste modo, de acordo com este ponto de vista, o silogismo consiste em duas proposições sem envolvimento da conclusão, seja esta específica ou indeterminada. Consoante a segunda maneira, o silogismo é concebido como um par de premissas seguido de uma proposição, denominada 'conclusão'. De acordo com esta concepção, o silogismo envolve três proposições e, consequentemente, a conclusão é essencial à sua definição. Em termos simbólicos, a primeira forma de definição pode ser representada pela conjunção ou par $<p, q>$, enquanto que a segunda pode ser representada pelo um par de proposições seguido de uma conclusão, isto é, $<<p, q>, r>$ – onde as letras p, q e r exercem a função de variáveis proposicionais.[11]

Para Aristóteles, assim como para Apuleio, um silogismo é o mero par inicial de proposições dotado de um termo comum que une uma a outra, *sem* envolver a conclusão. E com isto podemos dizer que na lógica latina, remonta a Apuleio a postura teórica de analisar o silogismo como um par de premissas independentemente de sua conclusão. Seja o seguinte argumento

> Toda coisa justa é honesta
> Toda coisa honesta é boa
> Logo, toda coisa justa é boa.

---

[9] Sabemos por Alexandre de Afrodísia que o silogismo pode ser concebido seja como uma conjunção (συζυγία), isto é, a associação de duas proposições categóricas, seja como uma combinação (συμπλοκή), vale dizer, entrelaçamento de três proposições categóricas (*In An. Pr.*, 6.21; 10,7; 17,14).

[10] O termo 'conjunção' (< *conjugatio*), que aqui denota o par de premissas de um silogismo, se introduzido em língua portuguesa, nesta acepção, seria um neologismo extremamente oportuno. Observe-se que 'conjunção' tanto pode ser em grego συνδέσμος como em latim conjunctio (ou conuinctio). Quintiliano se vale desta palavra latina para designar o vocábulo que liga o nome ao verbo (*Inst.*, I,4,18).

[11] Cf. N. Rescher, *Galen*, pp. 13-14, 25-27.

O par de premissas que integram o argumento acima é por ele denominado de *conjugatio,* 'conjunção',[12] já que apresenta um termo em comum (*pars* ou *particula communis*)[13] que entrelaça uma premissa à outra, e que recebe o nome de 'silogismo' ou 'modo'. Cabe ressaltar que duas proposições só constituem uma conjunção, se forem capazes de vincular, em sua conclusão, um sujeito a um predicado pela ação de um termo médio, como vimos no exemplo acima. De fato, um silogismo, em sentido atual, é uma conjunção associada a uma conclusão que dela decorre dedutivamente. Ao decompor o exemplo acima extraímos a seguinte conjunção

> Toda coisa justa é honesta
> Toda coisa honesta é boa

e também a conclusão

> Logo, toda coisa justa é boa.

Mas, esta inferência (*collectio*) em sua totalidade envolve três proposições dispostas de tal maneira que a última, dita 'conclusão' (*illatio*),[14] é derivada das duas primeiras, dita 'conjunção' (*conjugatio*).

Um importante tópico, relativo à presente questão, é notar que, para Apuleio, um silogismo é uma inferência e *não* uma proposição complexa da forma condicional. Isto não é explicitamente dito, mas depreendido da forma pela qual ele introduz seus inúmeros exemplos e, sobretudo, da preposição *igitur*, 'logo', que une as premissas à conclusão.

---

[12] Cumpre observar que nem a língua portuguesa nem as demais línguas neolatinas, ao que supomos, dispõem de uma palavra consagrada para este conceito da lógica tradicional. Portanto, se for o caso de se introduzir um vocábulo específico para esse fim, por certo, 'conjunção' seria essa palavra.

[13] Apuleio esclarece o que entende por um 'termo comum' (*particula communis*) dizendo que 'tem que ser ou o sujeito de ambas as proposições, ou o predicado de ambas as proposições, ou ainda o sujeito de uma e o predicado de outra' (VII,183,12-14).

[14] Na verdade, sua palavra para o nosso vocábulo 'conclusão' é *illatio* e *illativum rogamentum*; e assim não cabe confundi-las com o termo *conclusio*, mediante o qual ele visa a apreender muita das vezes o silogismo ou a inferência em seu todo. Só uma ou outra vez *conclusio* é utilizada como sinônimo de 'conclusão', em sentido atual.

PREMISSA. Apuleio desconhece a palavra latina *praemissa*. O termo de que ele dispõe para o que hoje chamamos correntemente de 'premissa' é *acceptio*, por ele caracterizada um tanto estranhamente – já que não se trata de um debate dialético - como 'a proposição concedida pelo arguido' (VII, 183,23s). Não obstante o que dissemos, esta é, de fato, a definição de premissa com que ele opera em sua silogística; e é o que nos basta aqui. No estudo da silogística, importa de saída fixar dois tópicos de máxima relevância: i) cabe estabelecer os tipos de proposição que podem exercer a função de premissa e ainda ii) determinar se a ordem de ocorrência das premissas é ou não formalmente relevante. No que concerne o primeiro tópico, há que ser dito que são as quatro formas de proposição categóricas – isto é, A, E, I, O – que exercem na silogística desde Aristóteles os papéis de premissa e conclusão. Quanto à proposição singular e indefinida, sabemos que elas não têm, de um ponto de vista formal, qualquer função em sua silogística. A respeito do segundo tópico, a questão é bem mais complicada. É um princípio bem conhecido que a ordem das premissas não tem qualquer importância para à validade ou não da conclusão. Na silogística aristotélica, a primeira premissa, quanto a ordem de ocorrência, é aquela que encerra o predicado da conclusão, enquanto que a segunda, é aquela que contém o sujeito da conclusão.

Apuleio dispõe as premissas do silogismo na ordem inversa, em quaisquer das figuras, com o intuito talvez de preservar a evidência: a primeira premissa é aquela que encerra o sujeito da conclusão, enquanto que a segunda é aquela que contém o predicado da conclusão. Veja como ele exemplifica o modo Barbara em IX,186,13-14:

> Toda coisa justa é honesta
> Toda coisa honesta é boa
> Logo, toda coisa justa é boa

Assim dispor os termos nas premissas era a prática observada não só por Apuleio, mas também por Galeno, Capela, Cassiodoro, Isidoro e mesmo por alguns dos comentadores gregos.[15] De um ponto de vista lógico ou formal, sabemos que a ordem de ocorrência das premissas não conta para a determinação de sua validade. Com efeito, Barbara tanto pode ser expresso segundo a disposição aristotélica *Apm, Asm |— Asp* como segundo a disposição apuleiana *Asm, Apm |— Asp*. Em ambos os casos, temos o mesmo

---

[15] Alexandre, Filópono, cf. G. Patzig, *Aristotle's Theory of the Syllogism*, pp. 76-77.

modo válido da primeira figura. Portanto, se o modo $A, B \vdash C$ for válido, então $B, A \vdash C$ será igualmente válido, isto é, se uma conclusão C seguir-se das premissas A e B, esta mesma conclusão seguir-se-á por certo das premissas B e A.

No que concerne a silogística, porém, aparentemente a questão não é tão simples. É verdade que no que se refere a segunda e terceira figuras a disposição das premissas é irrelevante: tanto faz observar a ordem aristotélica como a apuleiana. Pois, como sabemos, numa, o termo médio é predicado de ambas as premissas, e na outra, o termo médio é sujeito de ambas e, assim, nada muda ao se transpor as premissas. O mesmo, porém, não se dá com a primeira figura cuja posição do termo médio se modifica em face a essa perspectiva. De fato, a conjunção

Todo animal é mortal
Todo homem é animal

é da primeira figura, já que o termo médio é sujeito na primeira premissa e predicado na segunda, mas sua transposição

Todo homem é animal
Todo animal é mortal

vem a ser uma conjunção da quarta figura, uma vez que seu termo médio vem a ser predicado na primeira e sujeito na segunda. Mas, a transposição das premissas que vemos em Apuleio é formalmente irrelevante, pois ela origina os mesmos modos da primeira figura aristotélica. O que Apuleio realizou foi apenas tomar os modos silogísticos válidos das três figuras aristotélicas e inverter a ordem de ocorrência de suas premissas, mantendo a conclusão. E assim, ele não transpõe as premissas tendo em vista obter novos silogismos ou outras conclusões que não se encontram na primeira figura aristotélica, até porque não admite uma quarta figura. A questão se complica no que se refere a esta figura. Pois, transpor as premissas dos modos da primeira *não* origina *ipso facto* os modos válidos da quarta figura. Com efeito, o fato de Apuleio não dispor as premissas na ordem aristotélica, não significa que Apuleio transformou os modos aristotélicos da primeira figura em modos da quarta. Isto se deve ao fato de os modos da primeira figura ter uma conclusão que lhes é própria, em quaisquer das disposições de suas premissas; e o mesmo se aplica *mutatis mutandis* aos modos da quarta figura. Assim, o modo Barbara, *Ama &*

Abm |— *Aba*, da primeira figura, assume uma disposição, ao passo que seu correspondente modo da quarta figura, Bramantip: *Aam & Amb* |— *Iba*, assume outra.

CONJUNÇÃO. Em latim clássico, o substantivo feminino *conjugatio*, aqui traduzido por 'conjunção', quer dizer "aliança" ou "mistura" ou "encadeamento", tendo assim como equivalente o grego *syzygía*. Na terminologia técnica apuleiana, a palavra *conjugatio* é empregada para expressar o encadeamento ou conjunção de duas proposições que possuam um termo em comum (denominado *particula communis*) e, assim, ensejando a possibilidade, mas não a necessidade, de vir a obter uma conclusão válida. A conjunção de um silogismo é o par de proposições iniciais desse silogismo, isto é, um par de proposições categóricas que tem um termo comum, 'termo médio', dito em sua terminologia 'partícula comum'.[16] 'Diz-se uma conjunção de proposições, quando o próprio nexo entre elas se dá por meio de um termo comum mediante o qual elas estão entre si vinculadas; e dessa maneira podem levar a uma conclusão' (VII,183,9-12). Se desse par extrairmos uma conclusão temos o que tradicionalmente é dito, no contexto da teoria silogística, um 'modo'. Por definição, a conjunção *não* envolve a conclusão, mas tão-somente as duas proposições iniciais e, por tal razão, a noção de conjunção tampouco envolve a noção de premissa, mas apenas a de proposição, já que não cabe falar de premissa sem fazer remissão à noção de conclusão.[17]

Como são quatro os tipos de proposições categóricas, e como cada conjunção pode admitir duas dessas proposições e como cada conclusão ocorre ou direta ou indiretamente, segue-se que cada conjunção origina oito possíveis modos silogísticos. E ainda como existem dezesseis conjunções em cada figura (XII,193,23-27), e como Apuleio só admite três figuras, segue-se que existem ao todo 48 possíveis conjunções (XIV,194,20) e, deste modo, são possíveis 184 modos silogísticos. Em outros termos, como Apuleio admite

---

[16] Apuleio se utiliza da frase *particula communis* - e não da expressão *terminus medius* que vem a ser a versão latina da palavra aristotélica *tó méson*, 'médio', ou μέσος ὅρος, 'termo médio', para designar o termo que une uma premissa a outra.

[17] Aquilo que chamamos de 'premissas', Apuleio não chama de *praemissae*, como ficou posteriormente consagrado, mas de *acceptio* (quando está em questão uma única proposição concedida) ou de *conjugatio* (um par de proposições concedidas) termos que sabidamente não vingaram. Tanto em uma situação como em outra, o que temos é o ponto de partida do qual é dado extrair uma conclusão.

quatro formas de proposição – vale dizer, *A, E, I* e *O* –, e como há dezesseis maneiras de combiná-las, resulta que existem dezesseis possíveis *conjunções* em cada figura:

$$A A A A \qquad E E E E \qquad I I I I \qquad O O O O$$
$$A E I O \qquad A E I O \qquad A E I O \qquad A E I O$$

Com isto, há que se reconhecer que a posição do termo médio nas premissas tem uma função determinante na identidade de uma conjunção, fato que a definição geral de conjunção não prevê, pois toda conjunção sempre está em uma das três figuras.

Ao que parece, Apuleio teria sido o primeiro lógico a se utilizar dessas dezesseis conjunções para, de início, enumerar as possíveis inferências e a seguir analisar sua validade.[18] Mas, há que ser dito que em seu sistema dedutivo, Apuleio procede derivando as conclusões de forma direta ou indireta, o que Aristóteles não faz. Ele não fornece um meio de designar ou identificar todas as possíveis inferências, ainda que disponha de um procedimento para identificar as possíveis conjunções nas três figuras.

Para distinguir ou identificar duas conjunções, Apuleio se utiliza apenas das noções de figura, quantidade e qualidade das premissas, sem envolver a conclusão. Duas conjunções são *iguais* se i) forem da mesma figura, e caso suas proposições tenham a) a mesma quantidade, e b) a mesma qualidade. A principal consequência desta distinção está no fato de que em uma figura é possível ter dois modos silogísticos que apresentem a mesma conjunção, e também dois modos silogísticos que se distingam pela conjunção. Desta maneira, o par de premissas, digamos, *Asm* & *Amp* dá origem a dois silogismos (modos) distintos: *Asm* & *Amp* $\vdash$ *Asp* (Barbara) e *Asm* & *Amp* $\vdash$ *Ips* (Baralipton), que apresentam a mesma conjunção, uma vez que seus pares de premissas satisfazem as três exigências acima. Mas, se em duas conjunções esses três itens não coincidirem, não se pode dizer que sejam iguais. Assim, *Asm* & *Epm* se distingue de *Ism* & *Epm*, embora ambos os pares sejam da segunda figura, já que suas proposições diferem quanto à quantidade; por outro lado, *Esm* & *Amp* difere de *Ems* & *Amp*, uma vez que a primeira conjunção é da primeira figura e a segunda é da terceira figura. Apuleio, porém, hesita quanto ao fato de se a ordem das premissas é ou não um critério válido de identificar ou distinguir conjunções.[19]

---

[18] Cf. C. Prantl, *Geschichte der Logik*, I, pp. 587-591; N. Rescher, *Galen*, pp. 64-65.
[19] Ele entende que II.1: *Asm, Epm* $\vdash$ *Esp* e II.2: *Esm, Apm* $\vdash$ *Esp* não diferem quanto à conjunção.

FIGURA.   No latim clássico, o substantivo *formula* quer dizer "regra", "sistema", "quadrado" e também "fórmula". No contexto do *Peri Hermeneias*, este termo cabe ser traduzido, seguindo a terminologia vigente, por 'figura'. A noção de figura de um silogismo foi introduzida por Aristóteles, que se valeu para designa-la da palavra *schēma*.[20]   Levando em conta critérios que desconhecemos, ele enquadrou seus silogismos em três figuras e, assim, toda conjunção sempre está em uma dessas figuras. Vimos que toda conjunção é constituída de três termos, um dos quais é comum a ambas as proposições e recebe, de Apuleio, o nome de *particula communis*, 'termo médio', que ocorre uma vez em cada uma das proposições e nunca na conclusão (cf. *Herm.*, VII).

Apuleio se utiliza do conceito de conjunção para definir o que entende por *figura* (de um silogismo), mas, a noção de conjunção não envolve em sua caracterização a noção de figura. De fato, Apuleio define a noção figura mediante a posição que ocupa o termo médio na conjunção e, assim, caracteriza as figuras segundo critérios puramente formais ou estruturais. Tomado neste sentido, o termo médio é: i) sujeito em uma das premissas e predicado em outra;[21] ii) predicado em ambas; e iii) sujeito em ambas. Cabe ainda alertar que Apuleio não se utiliza para definir figura da noção de extensão dos termos em maior, médio e menor e, consequentemente, entre premissa maior e menor. Ele, aliás, sequer se vale desses vocábulos que Aristóteles foi o primeiro a utilizar. Também Apuleio só admite três figuras, isto é, as três formas silogísticas assim distribuídas:

Primeira Figura	Segunda Figura	Terceira Figura
S – M	S – M	M – S
M – P	P – M	M – P

em que 'S', 'P' e 'M' são, respectivamente, variáveis para os termos subjetivo, predicativo e médio, não importando em que premissa tais letras se localizem. Como vemos no gráfico acima, a primeira figura é aquela em que o termo

---

[20] Cf. *An. Pr.*, I, Cap. 4, 5,6: σχήματα τοῦ συλλογισμοῦ. E, por outro lado, sabemos por Quintiliano que σχῆμα cumpre ser traduzido pelo termo latino *figura* (*Inst.*, IX,1,1).
[21] Tomando esta definição *verbatim* por ela é dado construir tanto a primeira como a quarta figura, já que seu critério é estritamente estrutural ou posicional. E assim, por sua amplidão nela não distingue o caso em que o termo médio é sujeito em uma das premissas e predicado em outra, isto é, as situações: i) S – M & M – P, e ii) M – S & P – M. Não esquecer, como ficou dito acima, que Apuleio rejeita a quarta figura.

médio ocorre como predicado da primeira premissa e sujeito da segunda. A segunda figura é aquela em que o termo médio ocorre em ambas as premissas como predicado. Na terceira figura o termo médio ocorre como sujeito em ambas as premissas. Cabe também dizer que Apuleio inverte a ordem de ocorrência das premissas em relação à disposição aristotélica. Enquanto nesta última, a primeira premissa é a que encerra o termo predicativo e a segunda a que encerra o termo subjetivo (da conclusão), na ordenação apuleiana a primeira é a que contém o termo subjetivo e a segunda premissa é a que contém o termo predicativo da conclusão. Tal inversão ele faz em todos os modos das três figuras aristotélicas, fato que em nada altera a validade de suas conclusões e, assim, não cria qualquer dificuldade. Aparentemente, Apuleio se orienta por estes três esquemas formais que vinculam os extremos ao médio. Em quaisquer das figuras, a conclusão assume sempre a disposição S-P.

Por admitir que toda conjunção é constituída de duas proposições e três termos, por certo, ele haveria de saber que quatro são as possíveis figuras, já que ainda existe, como dissemos acima, o par de premissas M - S & P - M que vem a ser a quarta figura, isto é, aquela em que o termo médio ocorre como sujeito da primeira premissa e predicado da segunda. Não obstante essas considerações, nenhuma menção é feita à quarta figura. Ao que se supõe, movido pela autoridade de Aristóteles, Apuleio só admite as três primeiras figuras, e rejeita a existência dessa quarta figura. A ausência da quarta figura torna seu sistema de certa forma incompleto, já que não há qualquer razão formal que impeça que se desenvolva essa figura. Mas, ele não desconhece os modos indiretos da primeira figura.

MODOS DIRETOS E INDIRETOS.   Pela palavra 'modo', aqui se designa um par de premissas (isto é, uma conjunção) combinado com uma conclusão. A conclusão oriunda de um par de premissas, isto é, de um modo, poderá ser *direta* ou então *indireta* (ou *por conversão*). Estas noções nada têm a ver com a questão da validade ou invalidade do silogismo nem com a questão da verdade ou falsidade de sua conclusão. De fato, um silogismo inferido direta ou indiretamente poderá ser tanto válido como inválido e sua conclusão tanto poderá ser verdadeira como falsa. Importa que se diga que Aristóteles não se envolve com esta distinção.[22] Contudo, ela é de grande valia, posto que com ela é possível fazer, em certos casos, a mesma conjunção, em uma dada figura, dar origem a dois modos silogísticos. Tal como vimos com a conjunção Asm &

---

[22] Há quem diga que já Teofrasto, em todas as figuras, distingue os modos em diretos e indiretos, cf. L. Rose, *Aristotle's Syllogistic*, 1968, p. 127.

Amp, da primeira figura, que se desdobra em Barbara e Baralipton. Um silogismo é dito 'direto', se sua *conclusão* foi deduzida diretamente, e será dito 'indireto', caso não seja deduzida diretamente. As noções de *directim inferri*, 'inferida diretamente', e *reflexim inferri*, 'inferida indiretamente' são de grande relevância no sistema apuleiano, e bastante obscuras e controvertidas. Mais de uma solução foi pensada para esta questão.[23] Nenhuma, porém, se afigura de todo satisfatória. É bom lembrar que estas noções envolvem apenas os conceitos de sujeito e predicado das proposições que ocorrem no silogismo. Por tal razão, o termo médio, que só ocorre nas premissas, em nada contribui para o estabelecimento dessas duas noções.

Na definição proposta por Apuleio para essas noções, uma *conclusão* é inferida *diretamente* caso os termos ocorram na mesma posição de sujeito e predicado, tanto nas premissas como na conclusão.[24] Por exemplo, na inferência

$$Todo\ B\ é\ C$$
$$Todo\ A\ é\ B$$
$$\overline{}$$
$$Todo\ A\ é\ C$$

a conclusão 'Todo *A* é *C*' foi inferida *diretamente* das premissas, pois tanto seu sujeito, *A*, como seu predicado, *C*, ocorrem nas premissas nessas mesmas posições. Quando essa exigência não é observada – isto é, quando o sujeito e o predicado da conclusão passam a ocorrer como predicado e sujeito das premissas - temos uma conclusão inferida *indiretamente*. Tal é o que se dá com o silogismo

$$Todo\ B\ é\ C$$
$$Todo\ A\ é\ B$$
$$\overline{}$$
$$Algum\ C\ é\ A.$$

Neste caso, a conclusão 'Algum *C* é *A*' foi inferida indiretamente, pois *A* ocorre na premissa como sujeito, mas na conclusão como predicado; e *C* ocorre na premissa como predicado, mas como sujeito na conclusão. Como vemos no

---

[23] Cf. Sullivan, *Apuleian Logic*, p. 131s; D. Londey & C. Johanson, *The Logic of Apuleius*, 61.
[24] Cf. *Herm.*, VII,184,7-10.

exemplo acima, *A* e *C* desempenham funções distintas na premissa e na conclusão e, por tal razão, Apuleio diz que este silogismo foi inferido indiretamente. Esta definição de modo direto/indireto que lemos no *Peri Hermeneias* oferece, porém, uma séria dificuldade. Ela opera perfeitamente em relação à primeira figura, mas é imprestável em relação aos modos da segunda e terceira figuras, tanto os diretos como os indiretos. Mesmo assim, Apuleio se vale desta distinção no âmbito dessas duas figuras. No sentido de contornar essas dificuldades, apareceram recentemente duas outras soluções. Uma destas, devemos a M. Sullivan, que entende que a definição de Apuleio deveria ser, na verdade, a seguinte: uma conclusão é derivada diretamente se *ou* seu sujeito *ou* seu predicado ocorrem como sujeito ou predicado, respectivamente, em sua conjunção, ou caso ainda as duas condições anteriores ocorram conjuntamente.[25] Esta definição, porém, também não está isenta de dificuldades.

Talvez a definição mais satisfatória para essas duas noções seja a que lemos em Londey & Johanson. Esta se resume ao seguinte: uma conclusão é deduzida diretamente, caso seu sujeito seja derivado da primeira premissa; e é deduzida indiretamente, caso seu sujeito seja derivado da segunda premissa.[26] Assim, em Darapti

(1)   Todo *B* é *A*
         Todo *B* é *C*
_____

         Algum *A* é *C*

temos, segundo o critério acima, uma conclusão inferida diretamente, pois o sujeito da conclusão, *A*, é derivado da primeira premissa. Mas, tal conclusão por ser uma particular afirmativa pode ser convertida, já que 'Algum *A* é *C*' se converte em 'Algum *C* é *A*'. Caso se substitua a conclusão de (1) por sua conversa, temos

(2)   Todo *B* é *A*
         Todo *B* é *C*
_____

         Algum *C* é *A*

Situação em que passamos a ter Daraptis, em que a conclusão é inferida indiretamente, uma vez que o sujeito da conclusão, *C*, é derivado da segunda

_____

[25] *Apuleian Logic*, p. 132.
[26] *Logic of Apuleius*, p. 61.

premissa. Observe-se que os modos (1) e (2) têm a mesma conjunção, mas derivam conclusões distintas. Do que acabamos de dizer, segue-se que toda conjunção que der origem a uma conclusão passível de ser convertida admite *ipso facto* tanto uma conclusão direta como uma conclusão indireta. Cumpre observar que nem sempre um modo indireto só é possível se antes sua conjunção der origem a um modo da forma direta. Isto é facilmente ilustrado mediante os dois seguintes modos da primeira figura, *viz.* Fapesmo e Frisesomorum

$$\text{I. 8 } Esm, \; Amp \vdash Ops$$
$$\text{I. 9 } Esm, \; Imp \vdash Ops$$

que são modos indiretos aos quais não corresponde nenhum modo direto. Disto decorre que não se deve pensar que toda conclusão inferida indiretamente é *sempre* "posterior" à conclusão inferida diretamente, ou então que uma conclusão indireta é uma operação dedutiva realizada sobre uma conclusão passível de ser convertida. Na verdade, nem sempre isto é o caso, uma vez que as particulares negativas não se convertem. De fato, o oitavo e nono modos da primeira figura, como vimos acima, não são modos diretos, e nem foram obtidos a partir de modos diretos e, desta maneira, são inferidos indiretamente, mediante as regras dedutivas do sistema. Logo, nem toda inferência indireta é objeto de uma conversão da conclusão de um modo direto. Cumpre notar que o modo Barbara da primeira figura,

$$Asm, \; Amp \vdash Asp$$

apresenta também uma conclusão convertida ou indireta[27]

$$Asm, \; Amp \vdash Ips$$

Mas aos modos Darii e Baralipton

$$Ism, \; Amp \vdash Isp$$
$$Asm, \; Amp \vdash Ips,$$

---

[27] Cf. infra nota 107.

embora a conclusão de um seja a conversa da conclusão do outro, não se aplicam as distinções acima enunciadas, uma vez que suas conjunções são distintas.

Tal como Aristóteles, também Apuleio entende que os quarto modos diretos da primeira figura, por sua evidência, dispensam qualquer prova ou justificação. Quanto aos modos indiretos dessa figura, eles são justificados por redução aos quatro modos diretos mediante a intervenção, velada ou explícita, das leis da conversão (da universal afirmativa, da universal negativa e da particular afirmativa) e de leis do cálculo proposicional (substituição operada nas premissas e na conclusão e da inversão das premissas).[28]

VALIDADE E INVALIDADE.   A silogística é uma teoria dedutiva, não importa se ela opera com a noção de silogismo como proposição ou como inferência.[29] Tampouco vem ao caso se ela é desenvolvida como uma teoria axiomática[30] ou um sistema de dedução natural.[31] Sabemos, porém, que no entender de

---

[28] Kant lançou a ideia de que só a primeira figura além de perfeita é natural. Todas as demais figuras por estabelecerem sua validade por conversão à primeira figura, são artificiais e antinaturais. Cf. *Die falsche Spitzfindigkeit der vier syllogistischen Figuren erwiesen* (1762), § 4.

[29] Por não sabermos com exatidão o que Aristóteles entende por 'silogismo', seus silogismos foram interpretados ora como proposições ora como inferências. De fato, ele os enuncia de tal maneira que não fica claro se os toma como uma *inferência* ou como uma *proposição condicional*. Até Alexandre de Afrodísia (fl. 200 d.C.) sua interpretação sempre fora a de uma proposição condicional (cf. *An. Pr.*, 24b19s). Mas, a partir de Boécio, no mundo de cultura latina, e de Filópono (fl. 540 d.C.) se consolida o processo de apresentar o silogismo de forma inferencial constituído de três proposições independentes. É nesse momento que teve início a tradição de se entender os silogismos aristotélicos como inferências, o que perdura até nossos dias.

[30] No século XX, Lukasiewicz vem a sustentar que Aristóteles enuncia seus silogismos não como inferências, mas como proposições condicionais. Sendo também o primeiro a interpretar a silogística aristotélica como um sistema axiomático em sentido estrito. Desta maneira, todo silogismo válido constitui um enunciado condicional que seria dedutível – mediante uma lógica subjacente – a partir de alguns silogismos tomados a título de axiomas. Com isto, os silogismos seriam teoremas enunciados na linguagem-objeto, e o nexo entre premissa e conclusão se daria por força de um conectivo denominado 'implicador material'(*Aristotle's Syllogistic*, 1951).

[31] Deste ponto de vista, todo silogismo válido é uma inferência válida em que as premissas e a conclusão do silogismo pertencem à linguagem-objeto e o nexo entre elas não mais é um conectivo (por função de verdade), mas um operador metalinguístico que associa as premissas à conclusão. Tal é o que propôs K. Ebbinghaus, na medida em que entende que a silogística é um sistema de dedução natural, dispensando assim uma teoria auxiliar do cá7lculo proposicional (*Ein formales Modell der Syllogistik des*

Apuleio todo silogismo é uma inferência. Como toda inferência, os silogismos podem ser válidos ou inválidos. Um silogismo é válido, caso não seja possível suas premissas serem verdadeiras e sua conclusão falsa; ou, em outros termos, se for inconsistente a verdade das premissas com a falsidade da conclusão.[32] Um silogismo inválido é aquele que não é válido, isto é, aquele em que é possível de premissas verdadeiras derivar uma conclusão falsa. Em princípio, esta definição geral é necessária e suficiente para resolver todas as questões de validade. Pois, ela tem como função básica esclarecer o que vem a ser uma inferência válida: válida é aquela inferência que transmite, sempre e sem exceção, a verdade das premissas para a conclusão; em outras palavras, se as premissas forem verdadeiras, a conclusão que delas decorre nunca poderá ser falsa. Trata-se de um princípio condicional: 'se as premissas forem..., então ...'. Esta definição por sua irrestrita generalidade não se manifesta nem a respeito da forma do silogismo e nem acerca do valor de verdade de suas proposições.

Tal como Aristóteles, Apuleio também se preocupa em provar tanto a validade como a invalidade[33] dos diversos modos de todas as figuras silogísticas e, para esse efeito, ele se utiliza de dois procedimentos: redução aos indemonstráveis (*reductio ad indemonstrabiles*) e a prova por impossível (*probatio per impossibile*).[34] Apuleio toma como ponto de partida para a demonstração dos modos válidos das três figuras os quatro modos da primeira figura que são, em seu sistema, axiomas evidentes e indemonstráveis.[35]

Aristoteles, 1964). Por fim, existe ainda quem entenda que os silogismos aristotélicos podem ser tomados indiferentemente em quaisquer das duas interpretações acima expostas, uma vez que este fato não altera o número de silogismos válidos (P. Thom, *The Syllogism*, 1981, p. 23).

[32] *Herm.*, XIV,194,21-22.

[33] É um fato bem conhecido que os lógicos modernos não mais se preocupam em provar, de modo sistemático, a falsidade das proposições não-teoremáticas.

[34] Ao contrário de Aristóteles, Apuleio não se utiliza do procedimento de éctese para provar a validade de um modo.

[35] Todo silogismo da primeira figura é, por Aristóteles, qualificado de 'ostensivo' (δεικτικός), já que é dado perceber de imediato que a conclusão se segue das premissas carecendo assim de qualquer instrumento formal para chagar a este resultado (*An. Pr.*, 29a31-32). Nessa figura, portanto, ele não se utiliza de nenhum dispositivo ou procedimento especializado de prova, e assim nada precisa ser aditado para estabelecer os modos válidos ou pares de premissas concludentes (24b24; 26b28-33). Ademais, ele considera os modos concludentes ou válidos desta figura perfeitos ou completos. 'Chamo silogismo completo (τέλειος, "que atingiu o fim") aquele que de nada mais carece além do que está posto nas premissas para que sua necessidade se evidencie' (*An. Pr.*, 24b22).

Contudo, sabemos desde Aristóteles que nem todos os modos válidos podem ser reduzidos a esses quatro modos iniciais. Dois deles, Baroco e Bocardo, só podem ter sua validade estabelecida *per impossibile*. Para implementar a prova da validade, ele se vale de todo um conjunto de regras que constitui a lógica subjacente a sua silogística. Tal como Aristóteles, Apuleio tampouco explicita a lógica subjacente à sua teoria da redução aos indemonstráveis. Só no século XX esta questão veio à tona e começou a ser devidamente explicitada. Dito de outro modo, para operar a redução dos modos demonstráveis aos quatro modos indemonstráveis da primeira figura cumpre ter presente algumas regras. Tal é o que vamos agora passar a expor. Sejam as quatro expressões X, Y, Z e W que representam proposições categóricas.

i) transposição das premissas, isto é,

$$[X \& Y \rightarrow Z] \leftrightarrow [Y \& X \rightarrow Z]$$

- isto é, a ordem das premissas é irrelevante.

ii) substituição seja nas premissas

$$[X \& Y \rightarrow Z] \rightarrow [(W \rightarrow X) \rightarrow (W \& Y \rightarrow Z)]$$
$$[X \& Y \rightarrow Z] \rightarrow [(W \rightarrow Y) \rightarrow (X \& W \rightarrow Z)]$$

seja na conclusão

$$[X \& Y \rightarrow Z] \rightarrow [(W \rightarrow Z) \rightarrow (X \& Y \rightarrow W)]$$

iii) as três leis da conversão,[36] a saber,

$$Esp \leftrightarrow Eps$$
$$Isp \leftrightarrow Ips$$
$$Asp \rightarrow Ips$$

iv) as leis de subalternação,[37] isto é,

---

[36] Cf. supra pp. 38-40.
[37] Cf. supra pp. 36-37.

$$Asp \rightarrow Isp$$
$$Esp \rightarrow Osp$$

v) a lei da dupla negação, quer dizer,

$$\sim\sim X \leftrightarrow X$$

vi) a lei do absurdo, entenda-se

$$[\sim X \rightarrow (Y \& \sim Y)] \rightarrow \sim\sim X$$

Além dessas leis, também são utilizadas as leis da contradição

$$Asp \leftrightarrow \sim Osp$$
$$Esp \leftrightarrow \sim Isp$$

e ainda as leis da contrariedade,

$$Asp \rightarrow \sim Esp$$
$$Esp \rightarrow \sim Asp.$$

A exceção dos dois modos que só podem ser estabelecidos *per impossibile* (isto é, Baroco e Bocardo), todos os demais modos válidos de segunda e terceira figuras são reduzidos aos quatro indemonstráveis da primeira mediante operações executadas de acordo com as regras de substituição, transposição, conversão e subalternação. Para reduzir um modo válido da segunda ou da terceira figuras a um indemonstrável cumpre desenvolver uma dedução desse modo a partir desse indemonstrado. Já que um indemonstrável atua como um axioma a partir do qual é dado derivar o modo demonstrável da segunda e terceira figuras.

A prova por impossível,[38] indispensável para se provar os modos silogísticos Baroco e Bocardo, pode ser enunciada das seguintes maneiras

$$[X \& Y \rightarrow Z] \leftrightarrow [X \& \sim Z \rightarrow \sim Y]$$

ou ainda

$$[X \& Y \rightarrow Z] \leftrightarrow [\sim Z \& Y \rightarrow \sim X].$$

Além da questão da validação de certos silogismos, Apuleio também formula um conjunto de preceitos metalógicos que permitem excluir conjunções e modos inválidos do rol dos modos silogísticos. De início, há que se ter presente que um modo é *inválido* se e somente se for possível de premissas verdadeiras derivar uma conclusão falsa. Se isso não se der, o modo será válido. Não obstante, cada modo (ou silogismo), enquanto uma estrutura vazia ou formal, está como tal submetido a condição de transmissor da verdade: se houver uma interpretação (basta uma) que torne as premissas verdadeiras e a conclusão falsa, então este modo (ou silogismo) é inválido. E assim cabe ser excluído. Na prática, porém, impõem-se especificar a definição de validade que acabamos de enunciar, formulando princípios menos abstratos e mais operatórios. Cumpre, porém, ser dito que os diversos princípios específicos propostos no *Peri Hermeneias* não são suficientes para cobrir todo o campo previsto pela definição geral. Deste modo, há que se reconhecer que esse conjunto carece de completude.

Temos desta maneira um conjunto de regras que regulam a invalidade dos modos de maneira geral. De início, há duas regras relativas às premissas e somente a elas.

1) De premissas particulares, validamente, nada se conclui (VIII,186,4).
2) De premissas negativas, validamente, nada se conclui (VIII,186,4-5).

As regras que se seguem envolvem o silogismo como um todo, isto é, as premissas e sua respectiva conclusão.

---

[38] Cf. XII,191, 5-192,29. Como ambos os silogismos concluem por uma particular negativa que não admite ser convertida, tais silogismos só podem ser estabelecidos *per impossibile*.

3) Se uma das premissas for particular, nada se pode concluir universalmente (VIII,186,9).

4) Se uma das premissas for negativa, nada se pode concluir afirmativamente (VIII,186,6-8).

5) De premissas afirmativas não se pode obter uma conclusão negativa.

As primeiras quatro regras, embora necessárias, só são suficientes para excluir as seguintes conjunções: *EE, EO, II, IO, OE, OI, OO*. Pela quinta regra é possível excluir, sem ter que apelar para a definição geral de validade, o caso em que de premissas afirmativas se deriva uma conclusão negativa: *AAE, AAO* etc. Pelas regras fixadas acima, podemos excluir, das 48 possíveis conjunções distribuídas nas três figuras (48=16 x 3), todos os modos que caem sob um desses 5 itens. E veremos que são 18: um grupo por ser constituído de proposições negativas (6), e outro por ser constituído de proposições particulares (12). Tais regras acima formuladas não são suficientes para excluir todos os modos inválidos.[39] Seu conjunto é, portanto, incompleto. Restam, portanto, 30 conjunções. Cabe agora verificar que conjunções serão excluídas por força das regras específicas de *cada* uma das três figuras.

1) Da primeira figura, Apuleio exclui *AI* e *AO* (XIV,194,2-5); e ainda *EE* e *OA*.

2) Da segunda figura, ele exclui *AI* e *AO* (XIV,194,2-5); ele se engana, porém, ao excluir *AO*, pois desta conjunção pode-se inferir *Ops*. Ele também exclui *EI*, que é um outro engano, pois, desta conjunção pode-se derivar *Ops* (XIV,194,10-12). Também são excluídos desta figura os pares *AA* e *AI*.

3) Da terceira figura, ele exclui *EA, EE* e *OA* (XIV,194,5-8); mas, se engana ao dizer que *OA* nada conclui nesta figura, pois de *OA* cabe derivar *Ops*. Ele exclui *EI*, que é um outro engano, pois desta conjunção pode-se derivar *Ops*.

OS MODOS SILOGÍSTICOS. A noção de silogismo, embora ampla, foi por muito tempo a noção com a qual os lógicos operaram. Tal é o que se observa na lógica grega, pois, Aristóteles, o pai da silogística, nunca teve uma palavra

---

[39] Assim como Apuleio não se utiliza de noções extensionais em relação aos termos, como o faz Aristóteles, ele também não se vale do conceito de distribuição dos termos silogísticos que, com frequência, é utilizado para avaliar a validade de um modo. Tal conceito, como sabemos, se desdobra em duas regras i) o termo médio tem que ser distribuído pelo menos uma vez – com esta regra são eliminados os modos *AII* e *AOO*, na primeira figura; e ii) se um termo for distribuído na conclusão, terá que ser também nas premissas – com a qual se eliminam, na primeira figura, *EAE* e *OAO*. E, nesse sentido, ainda outros modos mais.

fixa para designar modo.[40] E se assim é, não se trata de uma palavra indispensável para a descrição da silogística. Na lógica latina, a palavra *modus* vem a ser introduzida com o fito de especificar certos aspectos estruturais do silogismo. Há, porém, quem entenda, estranhamente, que este termo só no século V, com Capela[41] recebeu o significado de "modo", em sua acepção atual.[42] Não fica, contudo claro qual é este significado atual. Na verdade, em sentido lógico, a forma *modus*, só foi introduzida na lógica latina por Apuleio[43] e difundida no período medieval por Boécio[44] no que foi seguido por Capela[45] e Isidoro.[46]

Apuleio se serve dos substantivos masculinos *modus* e, menos frequentemente, *modulus,* para designar um par de premissas (conjunção) combinado com uma conclusão e, assim, de maneira geral, a palavra 'modo' designa não um mero par de premissas, mas o argumento completo que envolve tanto o par de premissas como a conclusão que dele se segue. Ele também se utiliza, ao lado do conceito amplo de modo de um silogismo, do conceito mais restrito de modo de uma figura.[47] Segundo Apuleio os diversos modos silogísticos não são nem classes nem leis de inferência. Na verdade, ele opera oferecendo exemplos concretos de modos silogísticos e deixa ao leitor o encargo de abstrair sua forma. Aos modos, ele se refere não por seus nomes, mas mediante descrições exteriores – como, 'o primeiro (ou segundo etc) indemonstrado' - ou então pela descrição de sua estrutura interna – 'aquele que de uma particular afirmativa e de uma universal afirmativa leva diretamente para uma particular afirmativa'.[48] Aqui, porém, surgem duas indagações a respeito de igualdade e desigualdade de dois modos.

---

[40] A palavra τρόπος ocorre nos *Analíticos* com dois significados. Em uma passagem dos *Primeiros Analíticos*, 43a10 ela significa "modo" (πτῶσις, 42b30); em outro passo, ela é tomada no sentido de "figura" (*An. Pr.*, 45a4). Cf. G. Patzig, *Aristotle's Theory of the Syllogism*, p. 101.

[41] *Nupt.*, 4.327.7 ou 151.5 ed. Dick.

[42] Cf. P. Huby, *Theophrastus of Eresus*, vol. II, p. 61.

[43] Apuleio, porém, não define ou descreve o que o que entende por *modus*, termo que só aparece, em sentido lógico, no Cap.VII do *Peri Hermeneias*.

[44] Cf. *Syllogismo categorico*, Liber secundus, t. 64, p. 809ss ed. Migne.

[45] *Nupt.*, 410ss.

[46] *Etym.*, II,28,3-21.

[47] Posteriormente, alguns escolásticos passaram a entender pela palavra *modus* a mera conjunção de duas premissas sem o envolvimento de uma conclusão. Cf. Pedro Hispano, *Tractatus*, IV, 3, 21-22 ed. De Rijk.

[48] IX,187, 1-3.

A primeira vem a ser a seguinte: quando uma conjunção der origem a duas conclusões distintas, temos dois modos ou um só? A resposta só pode ser a seguinte: por definição, temos dois modos distintos e um único silogismo. Apuleio também responde que neste caso temos dois modos diversos, mas cala quanto ao silogismo. A segunda indagação com a qual nos deparamos seria: se duas conjunções distintas derem origem a mesma conclusão (v.g., Baralipton e Dabitis), temos um ou dois modos distintos? Respondemos dizendo que, por definição, temos dois silogismos distintos e dois modos distintos. Na verdade, Apuleio não formula esta indagação, mas ao fazer, na primeira figura, o quinto modo (Baralipton) distinto do sétimo (Dabitis), que apresentam as condições acima, acaba por dar uma resposta afirmativa à indagação.[49]

De uma mesma conjunção podemos ter, em certos casos, conclusões distintas: i) ambas diretas ou ii) uma direta e outra indireta. O primeiro caso pode ser exemplificado pelo par

$$Asm, Amp \vdash Asp$$
$$Asm, Amp \vdash Isp$$

uma vez que Isp é derivado de Asp, segue-se temos dois modos válidos: Barbara e Barbari. No segundo caso temos

$$Asm, Amp \vdash Asp$$
$$Asm, Amp \vdash Ips$$

em que a primeira conjunção dá origem a uma conclusão direta, enquanto que a segunda origina a uma conclusão indireta (VII,183,27-184,7). Mas, aqui a conclusão indireta decorre de uma aplicação da regra de conversão da universal afirmativa. Temos acima, portanto, três modos silogísticos distintos, todos eles válidos que apresentam uma única conjunção.[50]

De fato, uma vez que cada conjunção pode ter como conclusão, mas nem sempre válida, os quatro tipos de proposições categóricas (A, E, I, O), segue-se que cada conjunção pode dar origem a quatro modos; e como a

---

[49] Sabemos que nem Aristóteles nem Apuleio puzeram esta questão com a devida clareza e explicitude nem deram a ela uma solução inequívoca.

[50] Em outras palavras, da conjunção Asm & Amp se deriva Asp e desta, por atenuação, Isp e ainda Ips, por conversão. Estas duas últimas conclusões são, como sabemos, derivadas de Asp, mas por procedimentos distintos.

conclusão de cada modo pode ser derivada seja direta seja indiretamente, segue-se que é dado ter por conjunção oito modos possíveis. E como existem dezesseis conjunções (pois, cada par de premissas é constituído de proposições do mesmo tipo ou não) em cada figura, disto decorre existir 48 possíveis conjunções no contexto das três figuras. Mas, o número de figuras sendo três e como há 48 conjunções nas três figuras, conclui-se que o número total dos possíveis modos silogísticos ascende a trezentos e oitenta e quatro.

Em se tratando de reduzir os modos diretos válidos da segunda e terceira figuras aos modos válidos da primeira figura, Apuleio se utiliza i) da redução direta, e ainda ii) da prova *per impossibile*.[51] Mas, quando estão em questão os modos indiretos, ele nos diz que, em princípio, sua conversão ao modo direto da primeira figura pode ter lugar pela conversão da conclusão do modo indireto. Isto, porém, não se aplica, por razões formais, às proposições particulares negativas, já que não se convertem.

Ao enumerar os diversos modos temos que ter presente que é uma prática rotineira de Apuleio – ao contrário de Aristóteles – fazer a premissa menor *preceder* a premissa maior. Sabemos também que Apuleio distribui os modos das três figuras de acordo com o seguinte critério: afirmar vem antes de negar; a universal é anterior à particular; a prova por conversão tem prioridade sobre a prova *per impossibile*. A fim de tornar mais simples e transparente a manipulação dos distintos modos das diversas figuras, vamos aqui nos servir de letras - tal como Aristóteles, Teofrasto e os estoicos fizeram – e de outros símbolos, que anteriormente explicamos. Mas, não esquecer que Apuleio *não* se utiliza – ao exemplificar os diversos modos de sua silogística – desses artifícios, ainda que tivesse um certo conhecimento de sua existência. E por não se utilizar de um sistema de simbolização, ele se vê na contingência ou de descrever sua forma metalinguisticamente, ou então de utilizar exemplos concretos que cumprem ser interpretados como representando todas as inferências de mesma forma.

Primeira Figura. Há que ser dito, de início, que a primeira figura é aquela cujo termo médio 'é sujeito em uma [das premissas] e predicado em outra' (VII,183,15-16). Com isso, não é difícil perceber que a definição apuleiana de primeira figura é ambígua.[52] Sabemos também que a primeira figura encerra

---

[51] cf. *Herm.*, IX.
[52] Nove modos explicitamente enunciados, cf. *Herm.*, IX. De fato, essa definição se aplica tanto à primeira figura (o termo médio ocorre como predicado na primeira premissa e sujeito na segunda) como à quarta (o termo médio ocorre como sujeito na primeira premissa e predicado na segunda).

seis conjunções distintas que dão origem a nove modos válidos (VIII,185,24-186,1). Desses nove modos, quatro são diretos e indemonstráveis e cinco são indiretos e redutíveis aos quatro indemonstráveis. Em outros termos, os modos válidos da primeira figura se distinguem em quatros modos indemonstráveis,[53] de validade intuitiva que dispensa qualquer forma explícita de demonstração e que atuam como axiomas evidentes que tornam possível estabelecer a validade de todos os modos válidos da segunda e terceira figuras.[54] Apuleio reconhece nove[55] modos válidos nesta figura e os explicita com um grau ora maior ora menor de clareza. Cumpre ter presente que ele, de início, enuncia a premissa menor e, a seguir, a premissa maior. Os quatro modos indemonstráveis, todos de conclusão direta,[56] são os seguintes

I. 1 Barbara	*Asm*,	*Amp* |—	*Asp*
I. 2 Celarent	*Asm*,	*Emp* |—	*Esp*
I. 3 Darii	*Ism*,	*Amp* |—	*Isp*
I. 4 Ferio	*Ism*,	*Emp* |—	*Osp*

e cinco modos,

---

[53] Não esquecer que Darii e Ferio, ambos da primeira figura, são redutíveis a Barbara e Celarent, os dois modos universais da primeira. Desnecessário dizer que Apuleio desconhece a existência dessas siglas mnemotécnicas (viz. Barbara, Celarent etc) que só surgirão no século XIII, em plena Idade Média, com Sherwood.

[54] Embora Apuleio não se manifeste a respeito, percebe-se que ele opera - em todas as três figuras – com o pressuposto de os extremos da proposição categórica nunca denotarem a classe vazia, cf. supra p. 36.

[55] De maneira mais explícita, a primeira figura encerra, de saída, 4 modos diretos indemonstráveis; a seguir, 5 modos indiretos redutíveis aos 4 indemonstráveis.

[56] No capítulo 4 dos *Primeiros Analíticos*, Aristóteles só reconhece na primeira firgura os quatro modos diretos acima enumerados.

I. 5 Baralipton   *Asm, Amp |— Ips*[57]
I. 6 Celantes   *Asm, Emp |— Eps*[58]
I. 7 Dabitis   *Ism, Amp |— Ips*[59]
I. 8 Fapesmo   *Esm, Amp |— Ops*[60]
I. 9 Frisesomorum *Esm, Imp |— Ops*

todos de conclusão indireta - três dos quais (I.5-I.7) foram obtidos pela mera conversão da conclusão do respectivo modo direto (I.1-I.3) - que cabem ser reduzidos a um dos quatro modos indemonstráveis. O primeiro a arrolar, de maneira explícita e consciente, esses cinco modos como modos indiretos da primeira figura foi Teofrasto que reuniu e identificou esses cinco modos chamado-os de κατ'ἀνάκλασιν, que no século II d.C. foram, por Apuleio de Madauros, denominados de *reflexim* [*inferre*], 'indiretamente [inferido]' (cujo inverso vem a ser *directim* [*inferre*], isto é, 'diretamente [inferido]'). Mais tarde, Boécio[61] se vale do termo *per refractionem* para designar esses silogismos. Em língua portuguesa, o termo usado é modo 'indireto' ou inferido 'indiretamente' e, assim, se contrapondo, respectivamente, a modo 'direto' ou inferido 'diretamente'. Esses modos indiretos, importa ser dito, são aqueles que lemos em Teofrasto. Mas entre os quatro modos diretos e os cinco modos indiretos existe uma importante diferença, uma vez que na *conclusão* dos modos diretos é o termo menor que está contido no maior, ao passo que na *conclusão* dos modos indiretos é o termo maior que está contido no menor.[62] Como vemos, dos cinco modos, só não justificamos os dois últimos: I.8 e I.9. Mas esses dois últimos modos podem ser obtidos a partir de I.4. Porém, Apuleio diz que eles devem ter a mesma conclusão e, assim, cabe voltar sobre as premissas de I.4. Nesse sentido, ele sustenta que cada um desses modos indiretos origina sua conclusão 'através da conversão da conjunção [do quarto modo]' (IX,187,16). O que é um tanto obscuro. Nestes dois casos cumpre converter tanto as premissas de I.8 como as de I.9 e transpor sua ordem. Ao assim fazer, obtemos a conjunção de I.4, mas com '*s*' e '*p*' trocados. E a conclusão será então *Ops* e,

---

[57] Este modo é obtido pela conversão da conclusão de I.1.
[58] Este modo é obtido pela conversão simples da conclusão de I.2.
[59] Este modo é obtido pela conversão simples da conclusão de I.3.
[60] No capítulo 7 dos *Primeiros Analíticos*, Aristóteles observa que ainda é possível acrescentar aos quatro modos diretos da primeira figura os silogismos Fapesmo e Frisesomorum de conclusão indireta (29a23ss).
[61] *De Syll. cat.*, II, 815B t.64 ed. Migne.
[62] Bocheński nos diz que Apuleio os enumera na mesma ordem em que estão dispostos em Teofrasto, cf. I. M. Bocheński , *Ancient Formal Logic*, p. 73.

assim, o modo não mais será direto, mas indireto. Com isto, Teofrasto mantém a tese aristotélica de que só existem três figuras silogísticas e integra nesse sistema os cinco modos estabelecidos por Aristóteles que ele nunca assimilou a nenhuma figura. E assim ficou estabelecido, no contexto da lógica de Teofrasto, que a primeira figura encerra quatro modos de conclusão direta e cinco modos de conclusão indireta. E não há dúvida de que esses nove pares de premissas pertençam à primeira figura, já que em todos eles se observa o fato de o termo menor estar contido no médio e este estar contido no maior.

Por fim, sabemos que existem ainda três modos subalternos ou atenuados inerentes a esta figura sobre os quais Apuleio nada diz, isto é, *não* se manifesta sobre sua existência e nem os arrola entre os modos válidos da primeira figura, embora mais adiante ele diga algo a seu respeito.[63] Desta maneira, Apuleio arrola 9 modos nesta figura, mas parece não desconhecer esses 3 que associados aos 9 somam 12 modos. No final do Capítulo XIII, porém, ele nos diz que é de todo absurdo, quando é lícito concluir por mais vir a concluir por menos (XIII,193,19-20). Tais modos que *não* são explicitamente arrolados - mas derivados dos modos I.1, I.2 e I.6 - são:

I.10 Barbari   *Asm, Amp* |— *Isp*[64]
I.11 Celaront   *Asm, Emp* |— *Osp*[65]
I.12 Celantop *Asm, Emp* |— *Osp*[66]

Tais modos silogísticos são reduzidos pelo emprego das leis de subalternação, isto é, *Asp* → *Isp* e ainda *Esp* → *Osp*. De fato, a redução desses três casos não pode ser realizada mediante conversão, mas só pelas leis de subalternação o que vem a ser, em seu sistema, uma singularidade. Pois, todos os modos que cabem ser reduzidos à primeira figura Apuleio os reduz apenas por conversão.
Segunda Figura. A partir de três conjunções desta figura é dado obter os modos válidos diretos da segunda figura (*Herm.*, X). São eles:

---

[63] cf. XIII,193,16-20.
[64] A partir de I.1 - *Asm, Amp* |— *Asp* -, substitui-se sua conclusão por *Isp*, mediante a regra de substituição da conclusão.
[65] A partir de I.2 - *Asm, Emp* |— *Esp* -, substitui-se sua conclusão por *Osp*, mediante a regra de substituição da conclusão.
[66] A partir de I.6 - *Asm, Emp* |— *Eps* -, substitui-se sua conclusão por *Osp*, de início, mediante a regra de conversão (*Eps* □□*Esp*) e, a seguir, subalternando sua conclusão: *Esp* □ *Osp*.

II.1 Cesare   *Asm, Epm |— Esp*[67]
II.2 Camestres *Esm, Apm |— Esp*[68]
II.3 Festino   *Ism, Epm |— Osp*[69]
II.4 Baroco   *Osm, Apm |— Osp*[70]

Como Apuleio reconhece, as conclusões dos quatro modos acima são todas deduzidas diretamente.[71] Mas, nesta figura ainda é possível derivar seis modos indiretos, nenhum dos quais é por ele reconhecido. Tendo como ponto de partida as duas primeiras conjunções acima, é possível obter os modos:

II.5 Cesares   *Asm, Epm |— Eps*[72]
II.6 Camestre   *Esm, Apm |— Eps*[73]
II.7 Cesaro   *Asm, Epm |— Osp*[74]
II.8 Camestrop *Esm, Apm |— Osp*[75]

Além desses quatro últimos modos, existem também outros quatro modos válidos, nenhum dos quais constam do *Peri Hermeneias*. Contudo, existem dois cuja conjunção é por ele admitida,

II.9 *Asm, Epm |— Ops*[76]

---

[67] X,188,12-16. Pela conversão da segunda premissa este modo é reduzido a I. 2.

[68] X,188,18-189,3. Apuleio nada diz a respeito de sua redução à primeira figura, mas como se vê, tem a mesma conjunção que II.1.

[69] X,189,6-10. Pela conversão da segunda premissa este modo é reduzido a I.4.

[70] X,189,12-16. Como todo par de premissas da forma OA ou AO, aqui também cabe a *probatio per impossibile*, procedimento de prova reconhecido por Apuleio.

[71] Também Aristóteles só reconhece nessa figura apenas os quatro modos acima (*An. Pr.*, I, cap. 5).
[72] Trata-se de um modo obtido pela conversão da conclusão de II.1.

[73] Modo obtido pela conversão da conclusão de II.2. Não esquecer que II.1 e II.2 são redutíveis a Celarent. Sendo assim demonstráveis.

[74] Modo subalterno de II.1.

[75] Modo subalterno de II.2.

II.10 *Esm, Apm* |— *Ops*[77]

Cumpre ter presente que Apuleio, por certo, objetaria a estes dois modos o que ele dissera a respeito de II.7 (Cesaro) e II.8 (Camestrop), ainda que os considere válidos.[78] Os outros dois modos que são igualmente válidos, têm porém suas conjunções erroneamente rejeitadas por Apuleio na segunda figura,

II.11 *Asm, Opm* |— *Ops*[79]

II.12 *Esm, Ipm* |— *Ops*[80]

Terceira Figura. Nesta figura são reconhecidos como válidos seis modos diretos (III.1-III.6)[81] e um modo indireto (III.7). Os demais cinco modos (quais sejam, III.8-III.12), ainda que válidos, não são mencionados no *Peri Hermeneias*. Os modos válidos da terceira figura de conclusão direta são os seis seguintes (*Herm.*, XI):

III.1 Darapti   *Ams, Amp* |— *Isp*[82]

III.2 Datisi   *Ims, Amp* |— *Isp*[83]

---

[76] Modo subalterno de II.5.

[77] Modo subalterno de II.6.

[78] Cf. XIII, 193,16-20.

[79] Não é redutível a nenhum dos indemonstráveis, mas pode ser provado *per impossibile.*

[80] Não é redutível a nenhum dos indemonstráveis, mas pode ser provado *per impossibile.*

[81] Tais modos são igualmente reconhecidos por Aristóteles (cf. *An. Pr.*, I, cap. 6).

[82] XI,189,19-23. Pela conversão de sua premissa, *Amp* é reduzido ao modo I.3. Apuleio ainda reconhece como uma versão válida desse modo àquela que encerra a mesma conjunção com a conclusão convertida.

[83] XI, 189,27-190,1. Este modo, pela conversão da primeira premissa, é reduzido a I.3.

III.3 Disamis *Ams, Imp* |— *Isp*[84]

III.4 Felapton *Ams, Emp* |— *Osp*[85]

III.5 Ferison *Ims, Emp* |— *Osp* [86]

III.6 Bocardo *Ams, Omp* |— *Osp*[87]

Além desses, ainda existem três modos indiretos, cuja conjunção é por ele admitida, embora dois dos quais ele não enuncie explicitamente (II.8 e II.9), e um terceiro (III.7) que ele entende ser inseparável de III.1. Ei-los

III.7 Daraptis *Ams, Amp* |—*Ips*[88]

III.8 Datisis *Ims, Amp* |— *Ips*[89]

III.9 Disamis *Ams, Imp* |— *Ips*[90]

Tal figura ainda admite três outros modos indiretos válidos, que ele não enuncia, e cuja conjunção rejeita. Ei-los

III.10 *Ems, Amp* |— *Ops*[91]

III.11 *Ems, Imp* |— *Ops*[92]

---

[84] XI, 190,1-4. Prova-se por transposição das premissas e conversão da segunda premissa. E daí, converter a conclusão obtida mediante I.3.

[85] XI, 190,5-8. Pela conversão acidental da primeira premissa é reduzido a I.4.

[86] XI, 190,8-12. Pela conversão simples da primeira premissa é reduzido a I.4.

[87] XI, 190,12-16. Não pode ser reduzido, mas provado *per impossibile*.

[88] Apuleio reconhece este modo como válido, e entende que ele não deve ser dissociado do modo III.1. Há que se ter presente que III.7 é o modo converso de III.1 – isto é, esses dois modos têm em comum o mesmo par de premissas, mas divergem quanto a conclusão: uma, é a conversa das outra. Apuleio erra assim quanto a esse tópico.

[89] Tal modo é obtido pela conversão da conclusão de III.2, e redutível a Darii.

[90] Este modo é obtido pela conversão da conclusão de Disamis e, a partir deste silogismo, redutível a Darii.

[91] Neste caso, cumpre i) transpor as premissas, e ii) converter a premissa afirmativa. A conclusão *Ops* se obtém de Ferio.

[92] Cumpre i) transpor as premissas, e ii) converter a premissa afirmativa. A conclusão *Ops* se obtém de I.4.

Quarta Figura. Seguindo Aristóteles e uma longa tradição, tampouco Apuleio admite a quarta figura. Não existe porém nenhuma razão para rejeitar a validade dos modos (válidos) dessa figura, já que todos eles podem ser reduzidos aos modos indemonstrados da primeira figura.[94] O que é tanto mais inexplicável na medida em que sua definição de primeira figura enseja a possibilidade de sua existência. De fato, a definição apuleiana de primeira figura é ambígua: aquela em que o termo médio 'é sujeito em uma [das premissas] e predicado em outra' (VII,183,15-16). O que faz com que esta se aplique tanto à primeira figura (isto é, aquela em que o termo médio ocorre como predicado na primeira premissa e sujeito na segunda) como à quarta (vale dizer, aquela em que o termo médio ocorre como sujeito na primeira premissa e predicado na segunda). Ao que se conjetura, sua atitude de não incluir a quarta figura entre as demais adviria ou da força da autoridade de Aristóteles[95] ou então por entender que os modos dessa figura nada mais seriam do que modos indiretos da primeira figura.[96] É um fato, porém, que o sistema lógico de Apuleio não

---

[93] Este modo é provado *per impossibile* a partir de Bocardo.

[94] Prantl transcreve uma passagem de Pedro Tartareto (fl. 1480), um discípulo de Duns Scoto, em que ele não só admite a existência dessa figura, como sustenta que 'os modos da quarta figura são mais evidentes que os modos da segunda e terceira' (*'modi quartae figurae sunt evidentiores, quam modi secundae et tertiae'*). Tartareto oferece como justicativa para essa concepção, o fato de sua redução à primeira figura ser bem mais imediata do que as dos demais modos (*'ad reducendum eos ad modos primae figurae paucioribus indigent, quam modi secundae vel tertiae'*), cf. C. Prantl, *Geschichte der Logik*, t. IV, p. 205 nota162.

[95]Os *Analíticos*, 29a19-27 introduzem, mediante uma regra ou explicação, os silogismos Fesapo e Fresison, vistos por alguns como modos da quarta figura. Mais adiante, em 53a3-14, é provado Bramantip e ainda Dimaris e Camenes, que constituiriam, segundo estes, os restantes silogismos da quarta figura. Ainda que reconheça a existência desses cinco novos silogismos, Aristóteles *não* nos diz a que figura eles pertenceriam. Tal fato veio a criar a seguinte indagação entre os *historiadores* de seu pensamento lógico a respeito dessas duas passagens: esses cinco novos modos, já que não podem pertencer à segunda nem à terceira figuras, constituiriam - cabe perguntar – modos de uma quarta figura (Galeno, Ross, Lukasiewicz) ou modos da primeira figura indireta (Teofrasto e a tradição posterior)? Que posição assume Aristóteles em relação a este problema é, pode-se dizer, algo difícil de perceber.

[96]O que está em questão, quando se discute o presente tema é saber i) por que Aristóteles admite três figuras silogísticas; ii) o que Aristóteles admite, se é que admite, além das três primeiras figuras: seriam modos indiretos da primeira figura ou modos da quarta figura? A autoridade em lógica de Aristóteles e consequentemente a importância de determinar com exatidão seu pensamento ensejou um debate – raramente objetivo de

apresenta qualquer empecilho que torne impossível a inclusão da quarta figura e de seus modos.[97] A título de pura exposição enumeraremos os modos dessa figura e sua justificação, de um ponto de vista apuleiano. O que caracteriza um silogismo como sendo da quarta figura é o fato de o termo médio ser sujeito da premissa maior e predicado da menor.

Pelos princípios gerais da lógica apuleiana, a quarta figura envolve seis conjunções e doze modos, distribuídos em modos diretos e indiretos. Eis os modos diretos

IV.1   Bramantip   *Ams, Apm* |— *Isp*[98]

IV.2   Camenes   *Ems, Apm* |— *Esp*[99]

IV .3   Fesapo   *Ams, Epm* |— *Osp*[100]

IV.4   Fresison   *Ims, Epm* |— *Osp*[101]

V.5   Dimaris   *Ams, Ipm* |— *Isp*[102]

Eis os modos diretos que apresentam os extremos da conclusão transpostos, isto é, deduzidos conversa ou indiretamente:

IV.6   *Ams, Apm* |— *Ips*[103]

IV.7   *Ems, Apm* |— *Eps*

IV.8   *Ams, Ipm* |— *Ips*

IV.9   *Ems, Ipm* |— *Ops*[104]

IV.10   *Ams, Ipm* |— *Aps* [105]

---

um ponto de vista lógico – que se resume aos seguintes termos: além das três figuras silogísticas, importa admitir a existência de modos indiretos da primeira ou modos de uma quarta figura? Esta indagação, por sua vez, veio a originar a seguinte questão de ordem mais abstrata e de certo interesse histórico: existe ou não uma quarta figura?

[97] Para maiores detalhes, cf. M. W. Sullivan, *Apuleian Logic*, pp. 108-110.

[98] Derivado de Barbara pela conversão da conclusão e transposição das premissas.

[99] Derivado de Celarent pela conversão da conclusão e transposição das premissas.

[100] Torna-se Ferio pela conversão de ambas as premissas (uma, acidentalmente e outra, simplesmente) de Fesapo.

[101] Fresison torna-se Ferio pela conversão simples do primeiro.

[102] Pela transposição das premissas e conversão da conclusão de Dimaris obtemos Darii.

[103] Os modos IV.6, IV.7 e IV.8 são deriváveis de Bramantip, Camenes e Dimaris pela conversão da conclusão destes três últimos silogismos.

[104] O modo IV.9 é provado a partir de Frisesmo pela conversão simples das premissas deste último modo.

IV.11 *Ems, Apm* ⊢— *Ops*[106]

o modo a seguir é a forma subalterna de IV.2

IV.12 *Ems, Apm* ⊢— *Osp.*

Apuleio ainda nos diz que na primeira figura pode-se obter proposições afirmativas e negativas, tanto universais quanto particulares. Na segunda figura, só é possível concluir negativamente; e na terceira figura, só é dado obter como conclusão proposições particulares, sejam elas afirmativas ou negativas. Tais resultados Aristóteles já os obtivera, tanto para a primeira figura (*An. Pr.*, 26b31), como para a segunda (28a8) e ainda para a terceira (29a17).

---

[105] O modo IV.10 é redutível à Barbara.
[106] IV.11 é o modo subalterno de IV.7.

BIBLIOGRAFIA

Abbo de Fleury, *Syllogismorum categoricorum et hypotheticorum enodatio*, ed. De Vyver, Brugge, Tempel, 1966.

Alcuíno, *De Dialectica*, Patrologia Latina, t. 101 ed. Migne.

Alexandre, *In Aristotelis Analyticorum Priorum Commentarium*, ed. Wallies, Berlim, 1883.

Alexandre, *In Aristotelis Topicorum Commentaria*, ed. Wallies, Berlim, 1891.

Agostinho, *De Civitate Dei*, Madri, BAC, 1982.

Apulei Madaurensis Opera Quae Supersunt, ed. P. Thomas, vol. III: *De Philosophia Libri, Liber* ΠΕΡΙ ΕΡΜΗΝΕΙΑΣ, Leipzig, Teubner, 1907 (1ª ed.); 1938 (2ª ed.); 1970 (3ª ed.).

Apulei de Philosophia libri tres, ed. C. Mareschini, Stuttgart/Leipzig, Teubner, 1991.

Apulei Madaurensis, *Metamorphoseon Libri XI*, ed. Helm, Leipzig, Teubner, 4ª ed., 1955.

Apulei Madaurensis, *Pro se De Magia liber (Apologia)*, ed. Helm, Leipzig, Teubner, 5ª ed., 1972.

Apulei Madaurensis, *Florida*, ed. Helm, Leipzig, Teubner, 2ª ed., 1959.

Apuleio, *L' Interpretazione. Testo latino con introduzione, traduzione e commento*, ed. M. Baldassarri, Como, 1986.

Apulée, *Opuscules Philosophiques et fragments*, ed. Beaujeu, Paris, Belles Lettres, 2002.

Apuleius' ΠΕΡΙ ΕΡΜΗΝΕΙΩΝ, ed. Ph. Meiss, Lörrach, Gutsch, 1886.

Aristóteles, *Liber de Interpretatione*, ed. L. Minio-Paluello, Oxford, 1966.

Aristóteles, *Prior Analytics*, ed. e com. por W. D. Ross, Oxford, 1965.

Aulo Gélio, *Noctes Atticae*, ed. Hosius & Hertz, Leipzig, Teubner, 1903.

Baldwin, J.M. (ed.), *Dictionary of Philosophy and Psychology*, 4 vols., Goucester, P. Smith,1960.

Barnes, J., *Truth, etc. Six Lectures on Ancient Logic*, Oxford, 2007.

Bocheński , I. M., *La Logique de Théophraste*, Fribourg, Librairie de l'Université, 1947.

Bocheński , J.M., *Formale Logik*, Freiburg/München, K. Alber, 1956.

Bocheński , I. M., *Ancient Formal Logic*, Amsterdam, North-Holland, 1957.

Boécio, *De Syllogismo Categorico*, Patrologia Latina, t. 64 ed. Migne.

Boécio, *In librum Aristotelis de interpretatione Commentaria minora*, Patrologia Latina, t. 64 ed. Migne.

Capela, M., *De Nuptiis Philologie et Mercurii*, ed. A. Dick, Leipzig, Teubner, 1925.

Cassiodoro, *Institutiones*, ed. Mynors, Oxford, Clarendon, 1937.

Cícero, *Topica*, ed. Friedrich, Leipzig, Teubner, 1893.

Cícero, *Orator*, ed. Yon, Paris, Belles Lettres, 1964.

Cícero, *De oratore*, ed. Bornecque & Courbaud, Paris, Belles Lettres,1922-30.

Cícero, *Academicorum reliquiae cum Lucullo*, ed. Plasberg, Leipzig, Teubner, 1922.

Cícero, *De fato*, ed. Yon, Paris, Belles Lettres, 1950.

Cícero, *De inventione*, ed. Ströbel, Cambridge (Mass.), Harvard, 1976.

Cícero, *De finibus*, tr. Appuhn, Paris, Garnier, s.d.

Clouard, H., *Apulée*, Paris, Garnier, s.d.,

Diogenes Laertius, *Lives of Eminent Philosophers*, 2 vols., tr. R. Hicks, Harvard, 1995.

Goulet, R. (ed.), *Dictionnaire des Philosophes Antiques*, Paris, CNRS éditions, 1994.

Ebbinghaus, K., *Ein formales Modell der Syllogistik des Aristoteles*, Göttingen, Vandenhoeck & Ruprechet, 1964.

Eaton, R. M., *General Logic*, Chicago, Schribner's, 1931.

Gaffiot, F., *Dictionnaire illustré Latin-Français*, Paris, Hachette,

Galen, *Einführung in die Logik,* Kritisch-exegetischer Kommentar, mit deutscher Übersetzung J. Mau, Berlim, Akademie Verlag, 1960.

Galien, *Traités philosophiques et logiques*, Paris, Flammarion, 1998.

Goldbacher, A. (ed.), 'Liber Περὶ ἑρμηνείας *qui Apulei Madaurensis esse traditur*', *Wiener Studien, Zeitschrift für classische Philologie*, 7(1885): 253-277.

Hildebrand, G.F., *Opera Omnia*, Pars I: De vita, scriptis, codicibus et editionibus &c, Leipzig, 1842; reimpr. Hildesheim, 1968.

Hispano, P., *Tractatus*, called afterwards *Summulae Logicales*, ed. L. M. de Rijk, First Critical Edition from the Manuscripts with an Introduction, Assen, van Gorcum, 1972.

Huby, P. (ed.), *Theophrastus of Eresus. Sources for his Life, Writings, Thought & Influence*, 2 vols., Leiden, Brill, 2007.

Isaac, J., *Le Peri Hermeneias en Occident de Boèce à Saint Thomas*, Paris, Vrin, 1953.

Isidoro de Sevilha, *Etymologiarum sive Originum*, ed. W. M. Lindsay, Oxford, Clarendon, 1911. Johanson, C., 'Was the magician of Madaura a logician?', *Apeiron*, 17(1983):131-134.

Kant, I., *Die falsche Spitzfindigkeit der vier syllogistischen Figuren erwiesen*, Berlim, Kön. Pr Ak. der Wis., vol. II, 1902.

Kneale, M.-W., *The Development of Logic*, Oxford, Clarendon, 1962.

Kretzmann, N., *William of Sherwood's Introduction to Logic*, Minneapolis, Greenwood, 1966. Lukasiewicz, J., *Aristotle's Syllogistic*, 2ª ed., Oxford, 1957.

Lewis, C. T. & Short, C., *Latin Dictionary*, Oxford, Clarendon, 1955.

Londey, D. & Johanson, C., *The Logic of Apuleius*, Leiden, E. J. Brill, 1987.

Lumpe, A., *Die Logik des Pseudo-Apuleius. Ein Beitrag zur Geschichte der Philosophie*, Augsburg, Ed. de Autor, 1928.

Mates, B., *Stoic Logic*, Berkeley, University of California Press, 1953.

Mau, J., ver Galen, *Einführung in die Logik,*supra.

Novaes, C. D., *Formalizing Medieval Logical Theory*, Dordrecht, Springer, 2007.

Nuchelmans, G., *Theories of the Proposition. Ancient and Medieval Conceptions of the Bearers of Truth and Falsity*, Amsterdam, North-Holland, 1973.

Pedro Hispano, *Tractatus*, ed. De Rijk, Assen, Van Gorcum, 1972.

Palmer, L. R., *The Latin Language*, Londres, 1954.

Patzig, G., *Aristotle's Theory of the Syllogism*, tr. J. Barnes, Dordrecht, Reidel, 1968.

Prantl, C., *Geschichte der Logik im Abendlande,* 3 vol., Leipzig, Hirzel, 1855.

Quintiliano, M. F., *Institutio Oratoria*, 4 vols., Texte revu et traduit avec introduction et notes par H. Bornecque, Paris, Garnier, 1959.

Rescher, N., *Galen and the Syllogism*, Pittsburgh, University of Pittsburgh Press, 1966.

Rose, L. E., *Aristotle's Syllogistic*, Springfield, Thomas, 1968.

Sextus Empiricus, *Adversus mathematicos*, ed. H. Mutschmann, *Sexti Empirici Opera*, vol. II, Leipzig, Teubner, 1960.

Sextus Empiricus, *Pyrrhoneae hypotyposes,* ed. H. Mutschmann & I. Mau, *Sexti Empirici Opera*, vol. I, Leipzig, Teubner, 1958.

Sextus Empiricus, *Sextus Empiricus,* tr. R. G. Buri, 4 vols., Londres, Loeb, 1933-49.

Smith, R., *Aristotle, Prior Analytics*, Indianapolis, Hackett, 1989.

St. Gersh, 'Middle Platonism and Neoplatonism. The Latin Tradition', *Publications in Medieval Studies*, Notre Dame, Indiana, 23(1986): 215-328.

Sullivan, M. W., *Apuleian Logic.The Nature, Sources, and Influence of Apuleius's Peri Hermeneias*, Amsterdam, North-Holland, 1967.

Thom, P., *The Syllogism*, München, Philosophia Verlag, 1981.

Varro, M. V., *De lingua latina*, ed. Schoell & Goetz, Leipzig, Teubner, 1960.

Wyllie, G. A evolução histórica da *logica vetus*. *Mirabilia*, 16, 2013/1, p. 201-220.

Zeller, E., *Die Philosophie der Griechen in ihrer geschichtlichen Entwicklung*, 4ª ed., Leipzig, 192.

LUCIUS APULEIUS

Liber ΠΕΡΙ ΕΡΜΗΝΕΙΑΣ

OU

DE INTERPRETATIONE

I.   **[176]** O estudo da sabedoria, que denominamos de filosofia, parece ter para a maior parte dos filósofos três espécies ou partes: a natural, a moral e a racional,[1] que encerra [está última] a arte de argumentar[2] e sobre a qual trataremos a seguir. Mas como argumentamos através do discurso (*oratio*),[3] importa enumerar suas diversas espécies, como, ordem, comando, narração, ressentimento, opção, voto, cólera, ódio, inveja, adulação, piedade, admiração, desprezo, queixa, arrependimento, lamento e as que produzem prazer e inspiram temor.[4] Ao grande orador, valendo-se desses gêneros, cumpre condensar o que é vasto, ampliar o que é acanhado, dar dignidade ao vulgar, tornar novo o que é corriqueiro, fazer do corriqueiro algo de novo * * * exaurir o que é vasto, auferir o máximo do mínimo, e outras coisas do gênero.[5] Entre todas essas formas [de discurso] uma de grande interesse para o nosso propósito é a denominada de [discurso] *pronuntiabilis*,[6] que expressa um sentido completo[7] sendo a única entre todas essas que é sujeita à verdade ou à falsidade. Sérgio[8] a denomina de *effatum*,[9] Varro de *proloquium*,[10] Cícero de *enuntiatum*,[11] os gregos **[177]** de πρότασις[12] ou de ἀξίωμα,[13] enquanto eu, de minha parte, traduzo literalmente   por *protensio*[14] e por *rogamentum*;[15] mas também admito a forma corrente de *propositio*.[16]

II.   As proposições, tal como suas consequências, são de duas espécies. Umas, são predicativas, sendo assim simples, como por exemplo 'Quem reina é feliz'. Outras, são substitutivas ou condicionais, sendo assim compostas, como 'Quem reina, se é sábio, é feliz';[17] em que se impõe uma condição mediante a qual quem reina se carecer de sabedoria, não é feliz.[18] Vamos agora tratar da [proposição] predicativa[19] que, por natureza, é anterior e ocorre como elemento da [proposição]substitutiva.

III.   Existem ainda outras diferenças [entre as proposições] quanto a quantidade e a qualidade.[20]   Quanto à quantidade,[21] porque algumas [proposições] são universais,[22] como 'Tudo o que respira vive'; outras são particulares,[23] como 'Alguns animais não respiram'; outras ainda são indefinidas,[24] como 'Animal respira', pois esta [proposição] não determina se é todo ou se é algum [animal que respira], ela porém é sempre válida como particular, pois é mais seguro receber o que é menos daquilo que é incerto. Quanto à qualidade,[25] algumas [proposições] são afirmativas, pois asserem algo de alguma coisa, como 'A virtude é um bem', em que a bondade é afirmada da virtude; outras, são negativas já que negam algo de alguma coisa, como 'O prazer não é um bem', em que a bondade é negada do prazer. Que segundo os estóicos[26] esta [proposição] seja igualmente afirmativa, vemos quando dizem: 'Ocorre a certo prazer que ele não é um bem'. Esta [proposição] afirma o que ocorreu a um certo [prazer], vale dizer, que coisa ele é (*quid sit*). Por tal motivo, eles dizem que ela é afirmativa, uma vez que ela afirma o que não parece ser o caso daquilo que se negou que seja o caso. E eles [os estoicos] chamam de negativa apenas a [proposição] à qual se antepõe a partícula[27] negativa. Mas eles podem ser refutados não apenas quanto a outras doutrinas, mas também quanto a este assunto, caso alguém viesse a enunciar o seguinte: 'O que não tem substância não existe'; pois, eles seriam compelidos a admitir, de acordo com o que eles próprios professam, que aquilo que não existe, pelo fato de não ter substância, existe.[28]

IV.   **[178]** Como é dito no *Teeteto*[29] de Platão, uma proposição é constituída pelas duas menores partes do discurso,[30] nome e verbo, como 'Apuleio argumenta', que é ou verdadeira ou falsa, sendo assim uma proposição. Alguns quiseram nelas ver as duas únicas partes do discurso, por elas serem suficientes para constituir um discurso completo, ou seja, pelo fato de elas encerrarem um pensamento completo.[31] De fato, advérbios, pronomes, particípios, conjunções e outros mais que os gramáticos enumeram fazem tanta parte do discurso quanto os ornamentos da popa fazem parte do navio e os cabelos fazem parte do homem; em resumo, sem eles é como querer articular o discurso se privando de algo como pregos, piche e cola.[32]

Das duas partes acima enumeradas,[33] uma é dita subjetiva,[34] entenda-se posta sob,[35] como 'Apuleio'; e a outra é dita predicativa, como 'argumenta' ou 'não argumenta', já que enuncia o que Apuleio faz. É lícito desenvolver, mantendo-se inalterado o significado,[36] cada uma dessas partes em múltiplas palavras, como em lugar de 'Apuleio' dizer 'o filósofo platônico de Madauros', e igualmente em lugar de 'argumenta' dizer 'faz uso do discurso'.[37] Com frequência, porém, a [parte] subjetiva é menos extensa (*minor*), enquanto que a [parte] predicativa é mais extensa (*maior*), pois compreende não apenas este sujeito, como também outros mais. De fato, não só Apuleio argumenta, como também muitos outros, que podem estar incluídos sob esta mesma predicação;[38] isto só não se dá, caso se predique [do sujeito] algo que lhe seja próprio, como 'O que for cavalo, é capaz de relinchar', pois relinchar é próprio do cavalo. E assim existe, quanto está em questão o próprio, uma paridade entre a [parte] predicativa e a [parte] subjetiva, e [em que a primeira] não é mais extensa [que a segunda] como nos demais casos, pois pode ser intercambiada com o mesmo sujeito, e assim é dado alterar a ordem tornando o predicado sujeito e o sujeito predicado; por exemplo, 'O que é capaz de relinchar é um cavalo'.[39] Mas não há **[179]** como converter, se entre as partes não houver paridade. Pois, não é por ser verdadeiro que 'Todo homem é animal' que pela inversão diremos ser também verdadeiro que 'Todo animal é homem'. Com efeito, se um próprio do cavalo é relinchar, não é um próprio do homem ser animal, uma vez que existem inúmeros outros animais.[40]   Assim, é dado reconhecer de diversas maneiras a [parte] predicativa, mesmo que a proposição se encontre na ordem inversa: de início, porque ela pode compreender mais coisas que a [parte] subjetiva; a seguir, porque ela nunca é expressa por meio de um nome, mas sempre por meio de um verbo; especialmente por este último aspecto, ela se distingue mesmo quando ela é o próprio da parte subjetiva.[41] Isto também deve ser tomado como uma semelhança [entre sujeito e predicado], pois assim como existem proposições definidas e indefinidas, também as partes subjetivas e predicativas [das proposições] são algumas definidas – como, 'homem' e 'animal' – e outras indefinidas – como, 'não-homem', 'não-animal'. Contudo, estas [partes indefinidas] não definem o que uma coisa é (*quid sit*), uma vez que ela não é esta coisa, mas apenas mostram que é algo de distinto.[42]

V.   Cumpre agora[43] dizer como essas quatro proposições se relacionam entre si, e seria interessante considerá-las sob a disposição de uma figura quadrada.[44] Com efeito, como abaixo está escrito, sobre a linha superior estão as universais afirmativa e negativa, como 'Todo prazer é um bem' e 'Todo prazer não é um bem', que são entre si chamadas de contrárias.[45]   Na linha inferior, sob cada uma dessas [proposições] temos as particulares: 'Algum prazer é um bem' e 'Algum [prazer] não é um bem', que são chamadas entre si de subcontrárias.[46] A seguir, tracemos [as duas] diagonais: uma, que vai da universal afirmativa à particular negativa; e outra, que vai da particular afirmativa à universal negativa; tais [pares de proposições], que são tanto em qualidade quanto em quantidade opostos (*contrarie*) entre si, são chamados de contraditórios.[47] **[180]** De toda necessidade, uma ou outra [proposição] tem que ser verdadeira, e nisso reside a oposição perfeita[48] e completa.[49]   Mas, entre as subcontrárias e as contrárias a oposição é dividida, porque as contrárias nunca podem ser simultaneamente verdadeiras, embora possam às vezes ser simultaneamente falsas;[50] no que diz respeito às subcontrárias se dá o inverso, uma vez que elas nunca são simultaneamente falsas, embora por vezes sejam conjuntamente verdadeiras.[51]   Portanto, a refutação de qualquer uma dessas [subcontrárias] acaba por estabelecer a outra, mas o estabelecimento de qualquer uma delas não refuta a outra.   No que tange às contrárias, o estabelecimento de uma significa a destruição da outra; mas a refutação de uma não significa o estabelecimento da outra.   Quanto às contraditórias, quem estabelecer qualquer uma delas refuta a outra; e quem refutar uma delas por certo estabelece a outra.   Por outro lado, uma [proposição] universal uma vez provada, por certo prova sua particular; mas se refutada, ela não refuta [sua particular].[52] Quanto à particular, pelo contrário, se refutada, por certo refuta sua universal; mas se estabelecida, não prova [sua universal].[53] Que tudo isto que acabamos de narrar seja como o dissemos, é facilmente percebido mediante as próprias proposições, como abaixo.[54]

contrárias	ou	inconsistentes

Por certo, quem concede algo também lhe dá seu assentimento.[55] Uma universal qualquer é destruída de três maneiras: **[181]** evidenciando ou que sua particular é falsa ou que qualquer uma das outras duas [proposições] é verdadeira: seja sua contrária, seja sua contraditória (*subneutra*).[56] Mas [a universal] só é estabelecida de uma única maneira: mostrando a falsidade de sua contraditória.[57] Por outro lado, uma [proposição] particular se destrói de uma única maneira, isto é, pelo estabelecimento da verdade de sua contraditória;[58] contudo, ela se estabelece de três modos: se sua universal for verdadeira, ou se uma das outras duas [proposições], seja sua subcontrária seja sua contraditória, for falsa.[59] O mesmo se observa com as proposições equipolentes.

Dizemos equipolentes[60] as [proposições] que mesmo sob distintas enunciações têm o mesmo valor (*tantumdem possunt*), e se tornam simultaneamente verdadeiras ou simultaneamente falsas, sendo uma intercambiável com a outra, como o são [entre si] a indefinida e a particular. Por outro lado, toda proposição que for precedida por uma partícula negativa torna-se equipolente à sua contraditória, como, a universal afirmativa 'Todo prazer é um bem', se for antecedida por uma negação, torna-se 'Nem todo prazer é um bem' que tem o mesmo valor (*tantumdem valens*) que sua contraditória 'Algum prazer não é um bem'. Entenda-se que isto vale igualmente para as três outras proposições.

VI. A seguir, a conversão.[61] Chamam-se[62] proposições convertíveis, a universal negativa e sua contraditória, isto é, a particular afirmativa, porque suas partes, subjetiva e predicativa, sempre podem trocar entre si de lugar mantendo as condições de verdade ou falsidade. Seja a seguinte proposição verdadeira 'Nenhum sábio é ímpio', com efeito, mesmo que haja conversão de suas partes ela permanecerá verdadeira, 'Nenhum ímpio é sábio'. Do mesmo modo se dá com a [proposição] falsa 'Nenhum homem é animal' que, se convertida, também permanecerá falsa, 'Nenhum animal é homem'. Pelo mesmo raciocínio se dá a conversão da particular afirmativa 'Algum gramático é homem' com respeito a 'Algum homem **[182]** é gramático'.[63] Isto porém nem sempre se dá com as duas outras [espécies de] proposições, embora possam ser por vezes (*interdum*) convertidas. E por tal razão, elas não são ditas [proposições] convertíveis; pois, o que é por vezes falso, cumpre ser rejeitado.[64] Cabe, portanto, verificar cada proposição, em todos os seus significados, se a conversa concorda [quanto ao valor de verdade]. Estas não são inumeráveis, mas tão somente cinco,[65] pois, o que se assere de algo ou é um próprio, ou um gênero, ou uma diferença, ou uma definição ou um acidente.[66] Não se pode descobrir nada além disso em uma proposição. Seja, por exemplo, *homem* - tudo o que dele possa ser dito será ou um próprio, como *risível*; ou um gênero, como *animal*; ou uma diferença, como *racional*; ou uma definição, como *animal racional mortal*; ou um acidente, como *orador*. De fato, todo predicado [de uma proposição] pode tomar ou não o lugar do sujeito. Caso possa, ele [predicado] expressa o que é (*quid sit*)[67] [seu sujeito], sendo assim uma definição [do sujeito], ou não expressa, sendo assim o próprio [do sujeito].[68] Caso não possa, porém, ou ele [predicado] é aquilo que deve ser posto na definição, sendo assim um gênero ou uma diferença, ou é aquilo que não deve ser posto [na definição], sendo um acidente. De tudo isto se segue que uma particular negativa não é convertível.[69] E também uma universal afirmativa não é por certo ela mesma convertível, mas pode ser convertida em uma particular. Assim, 'Todo homem é animal' não pode ser convertida em 'Todo animal é homem', mas pode ser [convertida] em uma particular, 'Algum animal é homem'. Isto, porém, é verdadeiro da conversão simples, que é chamada de indireta (*reflexio*) quando aplicada à conclusão das inferências.[70] Existe ainda uma outra forma de conversão proposicional,[71] que não se limita a modificar apenas a ordem, mas transforma os próprios termos (*particulas*) em seus opostos: **[183]** o que é definido se torna indefinido e, contrariamente, o que é indefinido se torna definido. Esta forma de conversão se aplica às duas [proposições] restantes: universal afirmativa e particular negativa. Assim, 'Todo homem é animal' [se converte] em 'Todo não-animal é não-homem';[72] de igual modo, 'Algum animal não é racional' [se converte] em 'Algum não-racional é animal'.[73] Que seja assim como dissemos, podemos verificar através das cinco espécies de proposições acima referidas.

VII.   Diz-se[74] uma conjunção de proposições, quando o próprio nexo entre elas se dá por meio de um termo comum mediante o qual elas estão entre si vinculadas; e dessa maneira podem levar a uma conclusão. Este termo comum (*particula communis*)[75] tem que ser ou o sujeito de ambas as proposições, ou o predicado (*declarans*)[76] de ambas as proposições, ou ainda o sujeito de uma e o predicado de outra. Formam-se assim três figuras (*formulae*). Na que se chama primeira, o termo comum é sujeito em uma [das proposições] e predicado em outra; esta figura é a primeira não pela ordem de enumeração, mas pela relevância das conclusões.[77] A terceira é a última figura porque só conclui particularmente.[78] Superior a esta é a segunda,[79] que permite conclusões universais, embora só negativas.[80] E por isto, a primeira figura é predominante, já que admite todos os gêneros de conclusão.

Chamo conclusão (*illatio*) ou proposição conclusiva (*illativum rogamentum*) aquilo que se reúne e se infere das premissas.[81] Uma premissa (*acceptio*) é uma proposição concedida pelo arguido (*a respondente*);[82] por exemplo, se alguém assim perguntasse: 'Tudo o que é honesto é bom?' temos uma proposição. E caso ele venha dar a mesma seu próprio assentimento, ela se torna, pela remoção da interrogação, uma premissa 'Tudo o que é honesto é bom', que também é correntemente denominada de proposição. A esta junte **[184]** uma outra premissa igualmente proposta e concedida: 'Tudo o que é bom é útil'. A partir desta conjunção, como veremos a seguir, resulta uma conclusão do primeiro modo que será universal, se obtida diretamente: 'Logo, tudo o que é honesto é útil'; mas que será particular, se obtida indiretamente: 'Logo, alguma coisa útil é honesta'; uma vez que uma universal afirmativa só pode ser convertida em uma particular.[83] Digo que se infere diretamente (*directim inferri*) quando o mesmo termo é o sujeito tanto da conjunção quanto da conclusão; e do mesmo modo quando o mesmo [termo] é predicado tanto de um quanto de outro lugar. E quando se dá o inverso, digo que se infere indiretamente (*reflexim inferri*).

Por outro lado, todo este raciocínio, constituído de premissas e uma conclusão, que é chamado de silogismo (*collectio*)[84] ou dedução (*conclusio*),[85] segundo Aristóteles, pode ser facilmente assim definido: 'discurso em que certas coisas sendo concedidas, outra coisa distinta das que foram concedidas segue-se necessariamente por força daquilo mesmo que foi concedido'.[86] Esta definição não comporta outra forma de discurso senão o proferimento assertivo (*pronuntiabilis intelligenda*), pois este é o único, como acima dissemos, que é verdadeiro ou falso.[87] E 'algumas coisas sendo concedidas' encontra-se no plural porque de uma única premissa não resulta uma inferência.[88] Embora Antipater, o estoico, entenda contra o consenso universal, que 'Tu vês, logo tu vives' seja uma inferência completa; quando efetivamente [só] é completa da seguinte forma: 'Se tu vês, tu vives; ora, tu vês; logo, tu vives'.[89] Por outro lado, por querermos inferir não o que nos foi concedido [pelo interlocutor], mas aquilo que nos foi por ele negado, é que ele [Aristóteles] diz na definição [de silogismo]: 'uma coisa distinta das que foram concedidas se segue necessariamente'.[90] Eis porque são supérfluos aqueles modos[91] dos estóicos[92] que concluem o que não é o mesmo, diferentemente[93]: 'Ou é dia ou é noite; ora, é dia'; e, igualmente inúteis são os que repetem a mesma coisa: 'Se é dia, é dia; logo, é dia'. Pois, em vão inferem o que foi concedido sem contestação. Seria[94] mais interessante dizer: 'Se é dia, **[185]** está claro; ora, é dia; logo, está claro', em que não se infere além do que foi concedido. Pois 'está claro', que se encontra na conclusão, também se encontra na premissa. No entanto, devemos recusar este argumento, pois ele enuncia na conclusão 'logo, está claro' (isto é, que agora está claro), mas na premissa foi concedida uma outra coisa, pois aí não se diz que agora está claro: aí é dito apenas que se for dia, então simultaneamente está claro. Há uma grande diferença entre asserir que algo presentemente existe (*nunc ... aliquid esse*), e dizer que uma coisa sói existir quando uma outra a precede. Além disso, observe-se que a definição acima [de silogismo] envolve a [noção de] necessidade para indicar que a força da inferência dedutiva (*conclusio*) deve ser distinguida da semelhança própria da indução.[95] Também na indução algo há que ser concedido, como em: 'o homem move o maxilar inferior', 'o cavalo move o maxilar inferior', o mesmo se dá com o boi e o cão. A partir destas premissas algo de distinto é inferido na conclusão: 'Logo, todo animal move o maxilar inferior'. Já que isto é falso do crocodilo, mesmo tendo concedido as premissas precedentes, pode-se não aceitar a conclusão, o que não seria lícito em se tratando de uma inferência [dedutiva], pois nesta a conclusão está contida nas próprias premissas. Por tal razão, foi acrescentado [na definição de silogismo] 'segue-se necessariamente'. Nem mesmo a parte final da definição é irrelevante; ela mostra que a conclusão deve ser derivada exatamente daquelas coisas que foram concedidas [nas premissas], pois de outro modo não seria válida.[96] Mas a respeito desta questão, já se disse o suficiente.

VIII. Cumpre agora tratar dos modos e conjunções em que conclusões verdadeiras do tipo predicativo podem ocorrer em certo número.[97] Existem na primeira figura apenas nove modos **[186]** e seis conjunções;[98] na segunda, há quatro modos e três conjunções; e na terceira, seis modos e cinco conjunções. Tudo será aqui tratado em sua devida ordem. De início, há que ser dito que só de [premissas] particulares[99] e só de [premissas] negativas[100] não se pode produzir uma conclusão válida, uma vez que podem com frequência chegar também à [conclusões] falsas. Aliás, se uma [premissa] negativa for associada a tantas [premissas] afirmativas quanto se queira, há de se ter não uma conclusão afirmativa, mas negativa; e assim uma única [negativa] de tal combinação há de prevalecer sobre as demais.[101] A mesma força (*vis*) apresentam as particulares; pois quaisquer uma delas associada a universais produzem uma conclusão particular.[102]

IX. Na primeira figura,[103] o primeiro modo[104] leva de universais afirmativas diretamente para uma universal afirmativa, como[105]

> Toda coisa justa é honesta
> Toda coisa honesta é boa
> Logo, toda coisa justa é boa

Mas, caso se derive indiretamente [a conclusão],

> Logo, alguma coisa boa é justa

da mesma conjunção [acima] provém o quinto modo. Pois, como acima mostrei, não existe outra forma possível de conversão para uma universal afirmativa.[106]

O segundo modo[107] leva de universais, afirmativa uma e negativa outra, diretamente para uma universal negativa, como

> Toda coisa justa é honesta
> Nenhuma coisa honesta é vergonhosa
> Logo, nenhuma coisa justa é vergonhosa.

Mas, caso se derive indiretamente [a conclusão]

> Logo, nenhuma coisa vergonhosa é justa,

obter-se-á o sexto modo, pois como dissemos, a universal negativa se converte nela mesma.[108] Cabe lembrar que, quando está em questão a conclusão do segundo modo, o sujeito [da conclusão] deve ser derivado da [premissa] afirmativa, e por tal motivo cumpre conceder-lhe a devida superioridade, mesmo que a [premissa universal] negativa seja enunciada antes. Da mesma maneira e em todas [as conjunções] a [premissa] mais potente deve ser tida como a primeira. No sexto modo, o sujeito [da conclusão] é retirado da [premissa] negativa; tal **[187]** é a única diferença entre eles [isto é, entre o segundo e o sexto modos].[109]

De maneira similar, o terceiro modo[110] leva de uma particular afirmativa e de uma universal afirmativa diretamente para uma particular afirmativa, como

> Alguma coisa justa é honesta
> Toda coisa honesta é útil
> Logo, alguma coisa justa é útil.

Mas, caso se derive indiretamente [a conclusão],

> Logo, alguma coisa útil é justa

obter-se-á o sétimo modo; pois, como dissemos, a particular afirmativa se converte nela mesma.[111]

O quarto modo[112] leva de uma particular afirmativa e de uma universal negativa diretamente para uma [conclusão] particular negativa, como

Alguma coisa justa é honesta
Nenhuma coisa honesta é vergonhosa
Logo, alguma coisa justa não é vergonhosa.

Neste modo as mudanças[113] que encontramos são opostas àquelas que vemos nos [modos] anteriores [isto é, no primeiro, segundo e terceiro modos diretos]. Pois, o oitavo e o nono [modos] conservam sua conclusão [do quarto modo] não convertida [diferentemente do quinto, sexto e sétimo modos]. Eles mudam apenas as conjunções das premissas por proposições equipolentes, mas invertendo a ordem de sua disposição de tal maneira que a negativa se torna a primeira. E, por tal razão, é dito que ambos [isto é, oitavo e nono modos] concluem mediante a conversão da conjunção [do quarto modo]. De fato, se a universal negativa do quarto [modo] for convertida e se a ela aditarmos a universal afirmativa, que originou por conversão a particular afirmativa [do quarto modo], teremos obtido o oitavo modo que de [premissas] universais, uma negativa e outra afirmativa, leva indiretamente a uma [conclusão] particular negativa, como

Nenhuma coisa vergonhosa é honesta
Toda coisa honesta é justa
Logo, alguma coisa justa não é vergonhosa.

O nono modo[114] também procede [do quarto] por uma semelhante conversão de uma [premissa] universal negativa e de uma particular afirmativa e chega indiretamente a uma particular negativa:

Nenhuma coisa vergonhosa é honesta
Alguma coisa honesta é justa
Logo, alguma coisa justa não é vergonhosa.

O quarto modo é o único que origina dois [modos indiretos], os demais originam apenas um [modo indireto]; a razão disto ser assim é a seguinte.[115] Do primeiro modo, se convertêssemos ambas as premissas surgiria uma conjunção inválida (*irrita*) de duas [premissas] particulares; e se convertêssemos apenas uma única [de suas premissas], obteríamos [uma conjunção] da segunda ou da terceira figuras.[116] Também quanto ao segundo modo,[117] **[188]** se convertermos ambas [as suas premissas], então obtemos a conjunção do nono [modo], que se origina, como já mostramos, do quarto [modo], uma vez que a universal afirmativa do segundo modo só pode ser convertida em uma particular; mas, se convertermos apenas uma única [de suas premissas], obtemos [uma conjunção] da segunda ou da terceira figura.

Desses nove modos[118] da primeira figura, os quatro primeiros são denominados indemonstráveis,[119] não porque não possam ser demonstrados - tal como não se pode determinar o volume de agua de todos os mares - ou porque escapam a demonstração - tal como ocorre com a quadratura do círculo -, mas por serem tão simples e tão evidentes que dispensam toda demonstração, pois são eles que originam todos[120] os outros [modos] e lhes conferem sua própria credibilidade.

X.   Tratemos agora dos modos da segunda figura.[121] O primeiro modo da segunda figura é o que conduz de [premissas] universais, afirmativa e negativa, diretamente para uma universal negativa, como

> Toda coisa justa é honesta
> Nenhuma coisa vergonhosa é honesta
> Logo, nenhuma coisa justa é vergonhosa.

Este [modo] é redutível ao segundo indemonstrável mediante a conversão de sua segunda premissa.[122]

O segundo modo é o que conduz de [premissas] universais, negativa e afirmativa, diretamente para uma universal negativa, **[189]** como

> Nenhuma coisa vergonhosa é honesta
> Toda coisa justa é honesta
> Logo, nenhuma coisa vergonhosa é justa.

Este [modo] não difere, quanto à conjunção, do [modo] anterior,[123] exceto quanto ao fato de levar o termo subjetivo da [premissa] negativa para a conclusão, já que a ordem de enunciação [das premissas] foi mudada, mudança que não pode ter lugar na primeira figura.[124]

O terceiro modo é aquele que parte de uma particular afirmativa e de uma universal negativa diretamente para uma [conclusão] particular negativa, como

> Alguma coisa justa é honesta
> Nenhuma coisa vergonhosa é honesta
> Logo, alguma coisa justa não é vergonhosa.

Se convertermos a universal negativa deste [modo], obtemos o quarto [modo] indemonstrável, do qual este [modo] se origina.[125]

O quarto modo é aquele que parte de uma particular negativa e de uma universal afirmativa diretamente para uma [conclusão] particular negativa, como

> Alguma coisa justa não é vergonhosa
> Toda coisa má é vergonhosa
> Logo, alguma coisa justa não é má.

Este é o único modo [da segunda figura] que se prova apenas *per impossibile*. Sobre esta prova diremos algo assim que expusermos os modos da terceira figura.[126]

XI.   Na terceira figura,[127] o primeiro modo é aquele que leva de duas [premissas] universais afirmativas, tanto direta como indiretamente para uma [conclusão] particular afirmativa, como

> Toda coisa justa é honesta
> Toda coisa justa é boa
> Logo, alguma coisa honesta é boa,[128]

ou então

> Logo, alguma coisa boa é honesta.[129]

Pois, não importa de que premissa se extrai o termo subjetivo [da conclusão],[130] já que não importa qual delas [premissas] se enuncia primeiro. Donde, Teofrasto ter se equivocado ao pensar que, por tal razão, este não é um único modo, mas dois.[131]

O segundo modo[132] é aquele que parte de uma particular e de uma universal, ambas afirmativas, diretamente para uma [conclusão] particular afirmativa, como

> Alguma coisa justa é honesta
> Toda coisa justa é boa
> Logo, alguma coisa honesta é boa.

[190] O terceiro modo[133] é aquele que leva de uma universal e de uma particular, ambas afirmativas, diretamente para uma [conclusão] particular afirmativa, como

> Toda coisa justa é honesta
> Alguma coisa justa é boa
> Logo, alguma coisa honesta é boa.

O quarto modo[134] é aquele que leva de [premissas] universais, afirmativa e negativa, diretamente para uma particular negativa, como

> Toda coisa justa é honesta
> Nenhuma coisa justa é má
> Logo, alguma coisa honesta não é má.

O quinto modo[135] é aquele que leva de uma particular afirmativa e de uma universal negativa diretamente para uma [conclusão] particular negativa, como

> Alguma coisa justa é honesta
> Nenhuma coisa justa é má
> Logo, alguma coisa honesta não é má.

O sexto modo[136] é aquele que leva de uma universal afirmativa e de uma particular negativa diretamente para uma [conclusão] particular negativa, como

> Toda coisa justa é honesta
> Alguma coisa justa não é má
> Logo, alguma coisa honesta não é má.

Destes seis modos, os três primeiros se reduzem ao terceiro indemonstrável: o primeiro e o segundo [modos] pela conversão de sua primeira premissa, enquanto que o terceiro [modo] que tem a mesma conjunção que o segundo[137] - diferindo deste último apenas quanto ao fato de retirar o termo subjetivo [de sua conclusão] da [premissa] universal - é reduzido ao terceiro [indemonstrável] pela conversão não só da [primeira] premissa, mas também da conclusão. Também o quarto e o quinto [modos] se originam do quarto indemonstrável pela conversão da primeira de suas premissas. O sexto modo, porém, não pode ser reduzido a nenhum dos indemonstráveis nem pela conversão de uma nem pela conversão de ambas [as premissas], mas apenas *per impossibile* pode ele ser provado. Tal como o quarto [modo] da segunda figura [que também é provado *per impossibile*]. E por isso são ambos [isto é, o quarto da segunda figura e o sexto da terceira] arrolados por último.[138]

XII.   A ordem dos demais [modos] de todas as figuras, se dá segundo a diferença de conjunções e conclusões. E dado que o afirmar antecede o negar, e que o universal é mais forte que o particular, **[191]** segue-se que as [premissas] universais têm prioridade sobre as particulares e, entre estas, a conclusão afirmativa tem prioridade sobre a conclusão negativa; e se [os modos] forem similares, tem precedência o modo que mais rapidamente se reduz ao indemonstrável, vale dizer, através de uma única conversão, o que prova que ele é um modo seguro de concluir.[139]

Outra prova,[140] comum a todos [os modos], mesmo aos indemonstráveis, é a que se chama de [prova] *per impossibile*, que os estoicos denominam de primeira norma (*prima constitutio*) ou de primeira diretiva (*primum expositum*). Eis como eles a definem: 'Se de duas [proposições] se infere uma terceira, então de uma das duas primeiras associada à contraditória (*contrarius*) da conclusão se infere a contraditória (*contrarius*) da outra'.[141] Os antigos[142] porém assim a definiam: 'Em toda inferência, se sua conclusão for negada e uma das premissas for concedida, então a outra [premissa] será também negada'.[143] Esta [regra] foi inventada contra aqueles que, mesmo tendo concedido as premissas [de uma inferência], ousam recusar a conclusão que delas se segue. Assim, por meio dela eles são constrangidos ao impossível, desde que daquilo que eles negam seja derivada uma conclusão que contradiz o que eles antes concederam. Ora, é impossível que duas contraditórias (*contraria*) sejam simultaneamente verdadeiras; e assim, mediante o impossível eles são compelidos a admitir a conclusão. E não foi em vão que os dialéticos[144] estabeleceram que é verdadeiro aquele modo de prova em que a contraditória (*adversum*) da conclusão associada a uma das premissas nega a [premissa] que resta.

Mas[145] os estóicos entendem que uma conclusão é rejeitada ou uma das premissas é destruída só quando a partícula negativa for a elas anteposta – como em 'todo, não todo; algum, não algum'. [146] E os antigos,[147] por sua vez, também entendem que através da contraditória, e assim de duas maneiras, [é dado ter a negação da proposição] – como em 'todo: não todo, algum não'.[148] Segue-se assim que existe para cada inferência (*conclusione*) oito inferências opostas – pois, cada premissa é destruída de duas maneiras, e origina quatro inferências em cada uma dessas maneiras – uma, pela anteposição da partícula negativa à conclusão e, outra, pela admissão da contraditória da conclusão. Por exemplo, seja o primeiro indemonstrável:[149] **[192]**

> Toda coisa justa é honesta
> Toda coisa honesta é boa
> Logo, toda coisa justa é boa.

Quem negar esta conclusão, tendo concedido as premissas, é obrigado a dizer

> Alguma coisa justa não é boa.

Agora,[150] caso se coloque antes desta proposição a primeira das duas premissas concedidas,

Toda coisa justa é honesta

terá que concluir, de acordo com o sexto modo da terceira figura, assim

Logo, alguma coisa honesta não é boa,

que nega a segunda premissa, que concede que

Toda coisa honesta é boa.

Temos[151] também uma conclusão totalmente oposta à segunda premissa caso, mantendo as mesmas premissas, viéssemos a inferir a equipolente da conclusão já derivada, a saber

Logo, nem toda coisa honesta é boa.

De modo similar,[152] teremos outras duas inferências se, antes dela, colocarmos a primeira premissa e viermos a assumir a segunda premissa; assim das premissas

Alguma coisa justa não é boa

e

Toda coisa honesta é boa,

obtemos uma dupla conclusão segundo o quarto modo da segunda figura:

Logo, nem toda coisa justa é honesta

ou

Logo, alguma coisa justa não é honesta.[153]

Tanto uma como a outra destas [conclusões] são igualmente incompatíveis (*repugnat*) com a primeira premissa [da conjunção] que concedeu que

Toda coisa justa é honesta.

Estas quatro conclusões mantidas,[154] em que se muda apenas a premissa, se introduzirmos, em lugar da premissa

Alguma coisa justa não é boa

a premissa

de duas maneiras temos a negação da conclusão; surgem deste modo quatro outras inferências a partir destas mesmas alterações. Por outro lado,[155] se em lugar da [premissa]:

Alguma coisa justa não é boa

tomarmos a premissa

Nenhuma coisa justa é boa,

a conclusão é destruída de duas maneiras. Obteremos pela terceira vez quatro inferências, mas só naquelas [inferências] que apresentam uma conclusão universal, pois só esta pode ser refutada de três maneiras.[156] E nos demais casos, as conclusões serão tão somente oito.[157] Se for do desejo de alguém, tais conclusões poderão ser acrescentadas àquelas do exemplo que oferecemos [examinando] em cada uma das figuras seus diferentes [modos].[158]

XIII.   * * *[159] o primeiro indemonstrável [Barbara] pode ser exibido à maneira dos peripatéticos,[160] pela utilização de letras e invertendo a ordem das premissas e das partes [da proposição], mantendo contudo sua força (*vis*) **[193]** da seguinte maneira:[161]

> *A* [é dito] de todo *B*
> e, *B* [é dito] de todo *C*
> Logo, *A* [é dito] de todo *C*.

Eles [os peripatéticos] começam pelo predicado, e portanto pela segunda premissa. Este modo, quando disposto da maneira que eles [peripatéticos] entendem ser o reverso, é o seguinte:

> Todo *C* [é] *B*
> Todo *B* [é] *A*
> Logo, todo *C* [é] *A*.

Os estoicos[162] em lugar de letras utilizam numerais, como

> Se o primeiro, o segundo
> Ora, o primeiro
> Logo, o segundo.

Na verdade, Aristóteles só admite, na primeira figura, quatro [modos] indemonstráveis;[163] ao passo que Teofrasto e outros (*ceteri*) enumeram cinco.[164] Pois, associando a uma premissa universal uma premissa indefinida (*indefinitam*) eles derivam uma conclusão indefinida [e formam um modo indefinido][165] * * * Mas, é supérfluo discutir tal coisa na medida em que uma [proposição] indefinida é tomada como particular e, assim, dela se derivam os mesmos modos que se derivam das [proposições] particulares. Ademais, já mostramos que na primeira figura são quatro [os modos de conclusão particular]. E caso alguém quisesse duplica-los pondo no lugar da particular a indefinida, e disto derivar (*subiciens*) uma conclusão indefinida, haveria ao todo vinte e oito [modos].[166] Ariston de Alexandria[167] e alguns peripatéticos mais recentes acrescentaram ainda outros cinco modos dotados de conclusão universal: três, na primeira figura, e dois, na segunda,[168] que dão lugar a conclusões particulares.[169] Isto, porém, é de todo estéril, pois não cabe concluir menos daquilo que é dado concluir mais.[170]

XIV.   De todos os modos distribuídos em suas três figuras, só os dezenove, que acima enumeramos, são comprovados. Quatro[171] são as proposições: duas particulares e duas universais. Cada uma delas, como diz Aristóteles,[172] está combinada [a outra proposição] de quatro maneiras, já que a ela pode seguir uma proposição idêntica a ela mesma, ou então, uma das três outras; e assim haverá dezesseis conjunções em cada figura.[173] Dentre essas [dezesseis], seis [conjunções] são igualmente inválidas em todas [as figuras]; a saber, duas [conjunções], quando uma das [proposições] negativas precede a outra,[174] e quatro [conjunções], quando uma [proposição] particular precede a si própria ou é seguida por outra [particular].[175] Pois, nada se pode concluir **[194]** de duas [premissas] particulares ou de duas [premissas] negativas. Resta, portanto, para cada figura dez conjunções. Entre estas existem duas, na primeira figura e na segunda, que não são válidas: no caso em que uma universal afirmativa antecede uma particular;[176] e de modo similar, na primeira e na terceira figura duas [conjunções] cabem ser rejeitadas, aquela em que ou uma universal negativa precede uma universal negativa, ou uma particular negativa precede uma universal afirmativa.[177]

Disto se segue que a primeira figura encerra nove modos em seis conjunções.[178] As duas demais figuras encerram [cada uma] oito [conjunções],[179] e dentre essas oito existe uma, aquela em que uma universal negativa precede uma particular afirmativa, que não se prova em nenhuma delas [nem na segunda e nem na terceira].[180]

Das sete [conjunções] restantes, existem na segunda figura quatro [conjunções] falsas: quando uma universal afirmativa está associada ou a uma idêntica a si mesma ou à sua particular, em qualquer que seja a ordem, ou quando a outra a precede.[181] De igual maneira,[182] na terceira figura há duas [conjunções] inválidas: aquelas em que uma [premissa] negativa qualquer [universal ou particular] precede uma [premissa] universal afirmativa.[183] Mostramos acima que na segunda figura há três e na terceira figura há cinco [conjunções] verificadas, já que as reduzimos às seis conjunções da primeira figura.

Portanto, das quarenta e oito conjunções, apenas quatorze podem ser demonstradas.[184] As demais [trinta e quatro] que enumerei cabem ser rejeitadas,[185] uma vez que podem derivar o falso de [premissas] verdadeiras;[186] o que é facilmente verificado mediante os cinco predicáveis (*significationes*), acima mencionados.[187] E que destas quatorze [conjunções] que acima estabelecemos como válidas não existem outros modos além daqueles [dezenove] mencionados, sabemos pelas próprias conclusões, sejam elas tomadas direta ou indiretamente, na medida em que a própria verdade o permite.[188] Por tal razão, seu número [viz. quatorze] não pode ir além deste.

NOTAS

[1] O termo 'racional' (*rationalis*), aqui empregado, tem talvez uma dupla extensão. Uma restrita e coextensiva à lógica em sentido estrito; e outra, mais ampla, abrangendo um campo mais vasto que o estrito estudo da proposição e da inferência e assim encampando também a retórica. Deste modo, a *philosophia rationalis* abrangeria não só a lógica, mas também a retórica. Mas, como se depreende da leitura do *Peri Hermeneias*, esta obra só se interessa pelo aspecto da *philosophia rationalis* que 'encerra a arte de argumentar'. E deste modo é lícito dizer que o objeto de estudo do presente tratado é a arte de argumentar (*ars disserendi*), que se viabiliza através de um tipo especial de discurso (*oratio*) que Apuleio chama de 'discurso declarativo' (*oratio pronuntiabilis*) ou mais frequentemente de 'proposição' (*propositio*). Mediante combinações de proposições é possível chegar à inferência (*collectio*) – que tanto pode ser indutiva quanto dedutiva – com cujo estudo culmina a arte de argumentar.

[2] Apuleio afirma que seu objeto de estudo é especificamente a *ars disserendi*, expressão obscura que, em princípio, pouco revela sobre a natureza de seu objeto, mas que pode ser vertida por 'arte de argumentar' ou 'arte de discorrer', vale dizer, a arte de usar retamente a razão. Aliás, ao que se pode observar, em lugar de esclarecer de antemão o conteúdo do livro, pelo contrário, esta expressão é que tem seu significado esclarecido ao longo de seu conteúdo. E o que este conteúdo manifesta é o interesse pelo que vem a ser a proposição e suas diversas formas, a inferência dedutiva, a classificação de seus diversos tipos e o estabelecimento de sua validade ou invalidade – tudo isso constitui o objeto próximo da *ars disserendi*, 'arte de argumentar'. De um ponto de vista linguístico, o verbo *disserere* quer dizer "discutir", "argumentar", "dissertar". Pode-se assim dizer que a *ars disserendi* trata basicamente da teoria de discutir ou argumentar com o fito de estabelecer ou provar uma proposição.

[3] O substantivo feminino *oratio* quer dizer, de maneira indefinida, "expressão linguística" e, assim, ela se deixa traduzir por 'oração', 'discurso', 'proferimento', 'fala' ou 'palavra' que são expressões amplas e vagas, dotadas de pouco conteúdo informativo. Isto faz com que em certos casos se empregue, conforme as circunstâncias, expressões diversas para se chegar a uma tradução satisfatória desta palavra. Aqui, o termo *oratio* ocorre na acepção de "discurso" ou "expressão", tal como se dá na retórica (ou na gramática) - e não no sentido restrito e especializado da palavra 'proposição' em lógica – e com isso, de forma sistemática, traduzimos *oratio* por 'discurso'. Por tal razão, é lícito pensar que, em certo sentido, *oratio* está para o latim assim como *lógos*, em seu uso linguístico, está para o grego.

[4] Apuleio não define *oratio*, mas enumera suas diferentes formas e espécies: comando (*imperandi*), ordem (*mandandi*), narração (*narrandi*), opção (*optandi*), ressentimento (*succensendi*), fazer um voto (*vovendi*), pôr-se em cólera (*irascendi*), odiar (*odiendi*), etc. Todas essas formas de discurso são evidentemente dotadas de significado, pois se assim não fosse como distinguir um pedido de uma ordem. Mas, entre todos, só o discurso assertivo ou declarativo (*oratio pronuntiabilis* ou *pronuntiabilis intelligenda*), uma das formas de *oratio*, encerra uma *absoluta sententia*, 'um pensamento completo', aquele que é capaz de ser verdadeiro ou falso. E deste modo, a forma *oratio pronuntiabilis* vem a ser o que Aristóteles chama de *lógos apophantikós*. Ao que parece, a lista acima tem sua fonte de inspiração na retórica, e não na lógica, seja ela aristotélica ou estoica. Com efeito, no segundo século d.C. circulava tanto no mundo grego

sob o título de 'figuras do pensamento' (*schḗmata dianoías*) como no mundo latino sob o rótulo de 'figuras da linguagem' (*figurae orationis*) extensas listas, como esta que lemos em Apuleio, em que se procuravam arrolar todos os tipos e gêneros de emoções e sentimentos. Reagindo a este fato, houve quem lastimasse a inclusão de itens puramente emocionais – como odiar, apiedar-se, temer, compadecer-se etc. – sob a rubrica de 'figuras do pensamento' (Quintiliano, *Inst. orat.*, IX,1, 22-23). Mais tarde, Isidoro de Sevilha mostra, sem o querer, a confusão que reinava neste domínio ao arrolar uma extensa lista de 'sentenças' (*sententiae*) organizada sob os mais distintos critérios (*Etymol.*, II, 21, 13-48).

5 Apuleio expõe o que cumpre ser realizado pelo orador quando se propõe a dissertar sobre um determinado assunto. Talvez queira ele aqui mostrar a importância para a retórica da *ars disserendi*.

6 Dado seu interesse estritamente lógico, Apuleio é levado a destacar, entre todos os tipos de *oratio*, a *oratio pronuntiabilis*, que aqui vertemos por discurso 'assertivo' ou 'declarativo'. Deste modo, *oratio pronuntiabilis* é uma espécie de *oratio* que encerra um sentido completo que é verdadeiro ou falso (*absolutam sententiam comprehendens, sola ex omnibus veritati aut falsitati obnoxia*).

7A locução *absolutam sententiam comprehendens* foi traduzida por 'encerra um sentido completo'. Com efeito, os gramáticos latinos se utilizavam do substantivo feminino *sententia* para traduzir o grego *diánoia*, 'pensamento discursivo'. De fato, era um tema de interesse para os gramáticos latinos investigar como as palavras quando adequadamente combinadas entre si expressavam uma *sententia* (cf. Varro, *De lingua Latina*, VIII, 1). Donde a palavra *sententia* poder ser traduzida por 'significado', 'sentido' ou 'pensamento discursivo', como nos diz Cícero '*verbum in eadem sententia ponitur*', isto é, 'a palavra é tomada no mesmo sentido' (Cícero, *Orator*, 135).

8 Apuleio aqui se refere a um certo Sergius. Sullivan se diz 'incapaz de identificar o "Sergius" a quem Apuleio atribuiu o termo *effatum*' (*Apuleian Logic*, p. 167). Nuchelmans, pelo contrário, sustenta que se trata inequivocamente de Lúcio Sérgio Plauto, filósofo estoico do primeiro século d.C., cujo nome é várias vezes mencionado por Quintiliano quando está em questão a tradução de palavras gregas para o latim (*Theories of Proposition*, p. 108).

9 A palavra neutra *effatum*, em latim clássico, quer dizer basicamente "fala", "dito" ou "linguagem". Em particular, quer dizer "uma proposição dialética" ou "axioma". Cf. Cícero, *Acad.* II, 29; Sêneca, *Epist.*,117. Aqui, assume o sentido especializado que tem a palavra 'proposição' em lógica tradicional. Observe-se que Apuleio não mais fará qualquer referência a este termo ao longo de seu livro.

10 Diz Aulo Gélio que Varro (116-27 a.C.) utilizava a palavra neutra *proloquium* no sentido de "proposição" (*Noct. Att.*, XVI, 8). Observe-se que Apuleio não mais fará qualquer referência a este termo no decurso de seu livro.

11 Cícero usa o neutro *pronuntiatum* (*Tusc.*, I, 7,14) e Aulo Gélio afirma que Cícero teria dito 'que usaria a palavra *pronuntiatum* até encontrar outra melhor' (*Noct. Att.*, XVI, 8). Também encontramos em seus escritos a forma *pronuntiatio* (*De fato*, XI,26). E nesta mesma obra ele se utiliza do termo *enuntiatio* (*De fato*, I, 1) que, como observa Mates, é mais adequado para se referir a uma proposição que a forma anteriormente utilizada (B. Mates, *Stoic Logic*, p. 28).

12 Ao que parece, a palavra *prótasis* nunca fora usada antes de Aristóteles, embora apareça já em suas obras iniciais, como *Tópicos* e *Da Interpretação*,20b23ss e, mais tarde, nos *Primeiros Analíticos*. Em Aristóteles, essa palavra tem dois sentidos básicos a serem distinguidos. Um,

oriundo dos *Tópicos* e contextuado no debate dialético (cf. infra nota 16). Outro, proveniente dos *Analíticos* e ambientado no domínio da lógica silogística. Com efeito, nos *Primeiros Analíticos* a palavra *prótasis* é definida como 'um enunciado que afirma ou nega algo de algo' (*An. Pr.*,24a16-17). Aparentemente seria nesta última acepção que Apuleio acena para esta palavra aristotélica e a traduz por *protensio* (cf. infra nota 14).

[13] Embora Apuleio não o diga, sabemos que os gregos que se utilizam da forma *prótasis* são os aristotélicos, e os que se valem do vocábulo *axíōma* são os estoicos. De fato, por *axíōma* os estoicos entendem um *lektón* assertórico, vale dizer, uma proposição declarativa (D.L., VII,65; Aulo Gélio, XVI,8). Ela é também com frequência definida como aquilo que é verdadeiro ou falso (D.L., VII,66; Sexto, A.M., VIII,11). No âmbito do estoicismo, o emprego da palavra *axíōma* nada tem em comum com o uso que Aristóteles e Euclides de Alexandria fizeram deste vocábulo. Apuleio a traduz por *rogamentum*.

[14] A palavra *protensio* é, ao que parece, a latinização do grego *prótasis* (cf. Lewis & Short, *Latin Dictionary, s.v.*). Ela é aqui empregada como um equivalente da palavra 'proposição', na acepção que esta palavra assume na lógica tradicional. Observe-se que Apuleio não mais fará qualquer referência a este termo ao longo de seu livro.

[15] A palavra *rogamentum* provém do verbo *rogare* que quer dizer "perguntar" ou "interrogar". É uma das palavras de que Apuleio se vale para latinizar o substantivo aristotélico *prótasis*. Cumpre observar que Apuleio só duas ou três vezes dela se utiliza, e ainda há que ser dito que não se conhece sua ocorrência em outra obra. Apuleio emprega esta palavra *(illationem vel illativum rogamentum*, VII,183, 22-23) como um equivalente a *propositio* (cf. infra nota 16). Mas, quando *propositio* é tomada tão extensamente quanto o termo *prótasis* ela tem usos distintos seja quando ocorre no âmbito da dialética seja no âmbito da silogística apodítica (cf. supra nota 12). É possível que *rogamentum* tenha um uso igualmente extenso. E, nesse sentido, *protensio* e *rogamentum* que, segundo Apuleio são equivalentes a *propositio* acabam por ser meras latinizações de *prótasis*. Aqui, porém, quer dizer o mesmo que 'proposição' no sentido da lógica tradicional.

[16] O substantivo feminino *propositio* no *Peri Hermeneias*, enquanto tradução de *protasis*, assume dois sentidos básicos: um, oriundo dos *Tópicos* e contextuado no debate dialético, e outro, proveniente dos *Analíticos* e ambientado no domínio da lógica silogística. No âmbito da dialética, a palavra *propositio* é contraposta a *acceptio*, aqui traduzida por 'premissa' (cf. nota 82). Com efeito, num debate dialético, tal como é descrito nos *Tópicos* de Aristóteles, o arguidor oferece ao arguido uma proposição da forma: 'Tudo o que é honesto é bom ou não é bom?', cuja estrutura formal seria algo como: '*A* ou não-*A*?'. Em face da proposição, ao arguido cumpre escolher qual das partes (ou premissas) pretende sustentar (ou admitir ou conceder): se a premissa '*A*' ou se a premissa 'não-*A*'. Portanto, toda proposição dialética – '*A* ou não-*A*?'- é constituída de duas premissas – '*A*' e 'não-*A*'. Nem sempre, porém, a proposição dialética, oferecida pelo arguidor, assume uma formulação tão explícita. Com frequência, o exemplo acima é expresso resumidamente da seguinte maneira: 'Tudo o que é honesto é bom?', cuja forma seria algo como '*A*?'. Qualquer que seja a forma que esta venha a assumir – '*A* ou não-*A*?' ou então '*A*?' –, no vocabulário lógico de Apuleio, ela é dita uma *propositio*. Sobre esta *propositio* o arguido fará sua opção – vale dizer, ou optará por sustentar 'Tudo o que é honesto é bom' ou então optará por sustentar 'Tudo o que é honesto não é bom' – que recebe o nome de *acceptiones* (VII,183,23-27). Portanto, no vocabulário técnico da dialética, uma *propositio* é uma interrogação da forma '*A* ou não-*A*?' constituída de duas *acceptiones*, '*A*' e 'não-*A*', que não são, isoladamente, interrogações, mas asserções. Num torneio dialético, o arguidor propõe uma *propositio* ao arguido para que este escolha uma das *accepciones*, 'premissas', como a tese que ele virá a sustentar ao longo do debate

dialético. A *acceptio* não escolhida pelo arguido será, portanto, a tese que o arguidor terá que defender. Articula-se assim a polarização na medida em que uma das partes defende '*A*' e a outra defende 'não-*A*'. Portanto, '*A*' e 'não-*A*' são as premissas, e '*A* ou não-*A*?' é a proposição proposta pelo arguidor para ser objeto do debate. No plano do debate dialético a distinção entre *propositio* e *acceptio* é, com efeito, muito relevante. Mas, no contexto da lógica dedutiva silogística – como a do *Peri Hermeneias* – ela perde grande parte, ou mesmo totalmente, de sua motivação ou razão de ser. Reconhecendo tal fato, Apuleio nos diz que uma *acceptio* 'também tem a denominação corrente de proposição' (VII,183,27-28) e 'proposição' passa a ser tomada não na acepção acima, mas no sentido de *oratio pronuntiabilis* (cf. supra nota 6). Nas partes finais do *Peri Hermeneias* o termo *propositio* é usado na acepção de "premissa" de um silogismo.

Cumpre aqui desfazer um equívoco. Tendo por base o texto do *Peri Hermeneias* (VII,183,23-27), Sullivan é levado a dizer que 'à primeira vista parece que Apuleio identifica proposição com interrogação (*question*), mas [...] tal não parece ser o caso' (*Apuleian Logic*, p.77). Apoiado na informação de Apuleio de que 'uma premissa é uma proposição concedida pelo arguido' (VII,183,23), Sullivan argumenta que 'se uma proposição fosse uma interrogação, então uma premissa seria "uma interrogação que é concedida". Mas como uma interrogação pode ser "concedida"?' (p. 77). E assim Sullivan conclui que uma proposição não pode ser uma interrogação. Para esclarecer os conceitos de proposição e premissa e desfazer o equívoco que o vitimou basta ter presente o seguinte: embora para Apuleio uma proposição (dialética) tenha a forma '*A* ou não-*A*?', suas partes '*A*' e 'não-*A*' são assumidas pelo arguido não como interrogações, mas como asserções que a ele cumpre defender ou atacar ao longo do debate. Tais partes da proposição são o que Apuleio denomina de 'premissas', quando estas palavras se encontram contextuadas no domínio da dialética.

[17] Apuleio formula explicitamente a divisão da proposição em simples (*praedicativa* ou *simplex*) e complexa (*composita, substitutiva* ou *condicionalis*). De nenhuma delas, ele nos oferece uma caracterização explicita e suficiente. Sua preocupação está centrada, porém, na proposição simples, seus elementos, sua divisão e as operações que podem ser com elas efetuadas. Entre essas duas formas de proposição, sem dúvida, a simples tem preeminência sobre a complexa, já que esta última é formada a partir daquela. E assim, ele nada mais dirá acerca da proposição complexa, além do exemplo que ele menciona – 'Quem reina, se é sábio, é feliz' -, uma vez que, em seu entender, é a proposição simples que 'por natureza, é anterior e ocorre como elemento da [proposição] substitutiva' (II,177,3-10).

[18] A passagem '*substituis enim condicionem, qua, nisi sapiens est, non sit beatus*' (II,177,7-8) cumpre ser traduzida, literalmente falando, nos seguintes termos: 'pois [você] substitui uma condição pela qual, a menos que seja sábio, ele não é feliz' – o que aparentemente não faz muito sentido. Por tal razão, preferimos a tradução que prepusemos para esta perífrase por julgá-la mais concernente ao contexto. Outra tradução possível seria: 'em que se impõe uma condição mediante a qual [ele] não é feliz, caso não seja sábio'.

[19] Há quem entenda que com a expressão '*nunc de praedicativa dicemus*', Apuleio tinha em vista tratar, mais diante, da proposição condicional (M. Baldassarri, *Apuleio*, p. 70).

[20] Tanto os conceitos quanto os termos 'quantidade' e 'qualidade' aplicados às proposições lógicas não são aristotélicos. Na verdade, remontam a Apuleio, como aqui se pode ver. Neste sentido, se equivocam tanto Bocheński , quando afirma que eles surgiram com Pedro Hispano (séc. XIII), quanto Kretzmann, quando sustenta que teriam se originado na lógica do século onze (cf. J. M. Bocheński , *Formale Logik*, p. 246; N. Kretzmann, *William of Sherwood*, p. 28, n. 29).

²¹ No que diz respeito à quantidade (*quantitatis*), as proposições se dividem em universais, particulares e indefinidas (III,177,11-14). Eis seus quantificadores: 'todo' (*omnis*), 'nenhum' (*nullus*), para as universais, e 'algum' (*quidam, aliquis*), para as particulares. Sejam os exemplos 'Toda coisa justa é honesta', 'Nenhuma coisa honesta é vergonhosa', 'Alguma coisa útil é justa', respectivamente. Quanto à proposição indefinida, ela se caracteriza pela ausência de quantificação, como vemos, por exemplo, em 'Coisa útil é justa'. A respeito da proposição singular, ele nada diz, embora dela se utilize em 'Apuleio discursa' ou 'O filósofo platônico de Madauros discursa'.

²² Apuleio antepõe os adjetivos *omnis*, 'todo', e *nullus*, 'nenhum', ao termo subjetivo da proposição para indicar, de maneira manifesta, que este está sendo tomado em toda a sua extensão. Na maior parte das vezes, esses adjetivos são aplicados a termos no singular (*v.g.*, 'Todo homem' ou 'Nenhum animal') com o fito provável de indicar que tais termos (isto é, 'homem', 'animal') devem ser tomados distributivamente. Finalmente, cumpre lembrar que na lógica tradicional a proposição universal tem, em princípio, importe existencial.

²³ Os pronomes indefinidos *quidam*, 'certo', e, mais raramente, *aliquis*, 'algum', são antepostos ao termo subjetivo da proposição para indicar, de modo explícito, que este está sendo tomado em parte de sua extensão. Em contexto lógico, há quem entenda que *quidam* deva ser traduzido por 'certo' ou 'um certo'; mas quando no plural, seria mais sugestivo traduzi-lo por 'alguns' (M. W. Sullivan, *Apuleian Logic*, p. 32). Aqui, porém, traduzimos sistematicamente os exemplos que começam por '*Quidam...*' por 'Algum...', seguindo a tradição. Finalmente, cumpre lembrar que na lógica tradicional a proposição particular também tem, em princípio, importe existencial.

²⁴ Uma proposição é indefinida (*indefinita*) se seu termo subjetivo não for ostensivamente afetado por um quantificador como 'todo', 'nenhum', 'certo' ou 'algum'. Tal é o caso, por exemplo, de *Animal spirat*. Por nenhuma quantidade ter sido explicitamente assinalada a seu termo subjetivo, segue-se que fica em aberto a questão de sob que condição uma proposição indefinida será verdadeira: i) se sua universal correspondente for verdadeira, ou ii) se para ser verdadeira basta que sua particular correspondente seja verdadeira. Pois de um ponto de vista lógico, uma proposição indefinida pode ser interpretada num ou noutro sentido. Apuleio, porém, tem sobre este tópico uma posição bem definida: uma proposição indefinida deve ser tomada como verdadeira sempre que sua correspondente particular for verdadeira. Pois, como ele explica, num contexto de incerteza (*ex incerto accipere*) a toda classe a que se aplica 'todo' por certo também se aplica 'algum' (*quia totius est ... quod minus est*, III,177,16-17. Mas, a recíproca não é verdadeira e, assim, para que a proposição 'Um animal voa' seja verdadeira, basta que a particular 'Algum animal voa' seja verdadeira; não se exige, portanto, que sua correspondente universal, 'Todo animal voa', seja verdadeira.

²⁵ No que concerne à qualidade (*qualitatis*) as proposições se dividem em afirmativas (*dedicative*) e negativas (*abdicative*), cf. III,177,17-22. Um exemplo da primeira é 'A virtude é boa' em que algo é afirmado de algo. Uma proposição negativa é aquela em que algo é negado de algo e, como exemplo, nos é aduzido a proposição 'O prazer não é um bem'. Apuleio mais adiante estabelece as devidas relações de equivalência entre proposições de distintas qualidades. E o princípio orientador por ele formulado é o seguinte: toda proposição que for precedida por uma partícula negativa torna sua equipolente contraditória; ou ainda, se tomamos uma particular negativa, Osp, e a ela antepomos uma partícula negativa, $\sim Osp$, vemos que esta última se torna equipolente à contraditória da particular negativa: $\sim Osp \leftrightarrow Asp$.

²⁶ Apuleio encerra sua exposição sobre a proposição negativa relatando uma teoria, por ele atribuída aos estoicos, a respeito desta forma de proposição. Diz-nos ele que na concepção estoica

'O prazer não é um bem' (*voluptas non est bonum*) em vez de negativa é, na verdade, uma proposição afirmativa. De todas as passagens de interesse histórico do *Peri Hermeneias*, esta é aparentemente a mais intrincada. Para entender melhor a tese estoica é o caso de tomar um exemplo mais intuitivo. A proposição 'Teeteto não voa' não é a negação de 'Teeteto voa'. Pois, aquela proposição significa que "Existe um certo Teeteto a quem não pertence voar" e, assim, se Teeteto não existe é falso dizer tanto que 'Teeteto voa' como 'Teeteto não voa' e desse modo não há contradição. O mesmo se aplica *mutatis mutandis* à proposição indefinida 'O prazer é um bem', pois para os estoicos 'O prazer não é um bem' é equivalente a 'Ocorre a certo prazer não ser um bem'. A explicação prossegue mostrando porque os estoicos tomam a proposição 'Ocorre a certo prazer não-ser-um-bem' como afirmativa. E a explicação aduzida é a seguinte: na proposição 'Ocorre a certo prazer não ser um bem' se atribui 'não-ser-um-bem' a 'prazer'. Desse modo, 'Ocorre a certo prazer não ser um bem' expressa *o que* ocorre com o prazer, isto é, que não é um bem. Em resumo, o funtor 'Ocorre a certo' faz com que 'prazer' receba como predicado 'não-ser-um-bem', vale dizer, que 'não-ser-um-bem' seja afirmado de 'prazer'. Por tal razão, 'Ocorre a certo prazer não ser um bem' é uma proposição afirmativa e consequentemente 'O prazer não é um bem', que lhe é equivalente, também é afirmativa (cf. M. W. Sullivan, *Apuleian Logic*, pp. 39-45). A única maneira de negar uma proposição, dizem os estoicos, é antepor a ela a partícula negativa 'não'. E assim, 'Teeteto voa' e 'O prazer não é um bem' são negadas pela prefixação do negador 'não', como se dá com: 'Não: Teeteto voa' e 'Não é o caso que o prazer não seja um bem'. Importa, porém, não esquecer que Apuleio rejeita esta concepção estoica, segundo a qual 'O prazer não é um bem' não é negativa.

[27] Em latim clássico, o substantivo feminino *particula* quer dizer "parcela", "pequena parte", "partícula". Em gramática, esta palavra era utilizada para designar pequenos componentes que entram na constituição das frases e períodos (cf. Aulo Gélio, II, 17, 6; II, 19, 3; VII, 7, 6; Quintiliano, *Inst. orat.*, IX, 4, 69; X, 3, 30). No *Peri Hermeneias* esta palavra é usualmente empregada na acepção de 'termo' e, por esta razão, ela foi assim traduzida. De fato, em *particula communis, particula definita, particula indefinita, particula subjectiva* e *particula declarativa*, a palavra *particula* foi invariavelmente traduzida como 'termo'. Neste sentido especializado, Apuleio parece ter sido o primeiro a utilizar a palavra *particula*, sem ter tido contudo muitos seguidores. Aqui, *particula* só não foi traduzida por 'termo' quando Apuleio nos fala de *particula negativa*, 'negador' ou 'funtor negativo', que em lugar de traduzir por 'termo negativo' optamos por traduzir por 'partícula negativa'.

[28] Apuleio sustenta, tal como entende Aristóteles, que 'O prazer não é um bem' é uma proposição negativa. Com o fito de refutar a tese estoica de que 'O prazer não é um bem' é uma proposição afirmativa, Apuleio se serve de um contraexemplo. O núcleo de sua argumentação é o seguinte: se a proposição 'O que não tem substância não existe'('*quod nullam substantiam habet, non est*') viesse a ser interpretada da mesma maneira pela qual eles interpretam 'O prazer não é um bem', então teríamos que admitir como existente aquilo que não existe. Em outros termos, se a proposição 'O que não tem substância não existe' for afirmativa, para nega-la, segundo o critério estoico, cumpriria prefixá-la com uma partícula negativa e, assim, teríamos 'Não é o caso de que o que não tem substancia não existe' que por dupla negação viria a ser uma afirmação e implicando deste modo a proposição 'O-que-existe não existe' que é uma contradição.

[29] O trecho que mais se aproximaria daquilo a que Apuleio faz menção seria, como se tem dito, *Teeteto*, 206D – onde Sócrates e Teeteto procuram determinar o significado da palavra *logos* ('dar a conhecer com clareza seu próprio pensamento mediante um som articulado em verbos e nomes').

Na verdade, porém, a passagem em que Platão discute a decomposição da proposição em nome e verbo se encontra não nesse diálogo, mas no *Sofista*, 261- 262.

[30] De um ponto de vista gramatical, o conceito de parte do discurso (*pars orationis*) se aplica à análise tanto do léxico quanto da proposição de uma língua. Quando este conceito é aplicado ao léxico, surge aquilo que se denomina correntemente de 'categorias gramaticais', como nome, pronome, verbo, advérbio etc. Quanto aplicado à proposição, este conceito induz sua decomposição em *nome*, dita *pars subjectiva*, e *verbo*, que recebe a designação de *pars declarativa*, como vemos em Platão. Também aqui, como de costume, Apuleio não define nenhum desses dois componentes da proposição, mas parece inequívoco que se trata de classificações oriundas da gramática.

[31] Cf. supra nota 7.

[32] Apuleio acena para uma teoria a respeito da estrutura interna da proposição, que ele credita vagamente a 'alguns' (*quidam*), teoria segundo a qual as únicas partes relevantes de um 'discurso completo' (*perfecta oratio*) são o nome e o verbo, porque estes são suficientes para constituir ou expressar um pensamento completo. Os que assim pensam, diz Apuleio, não tomariam os advérbios, pronomes etc. como componentes essenciais da proposição, pois em seu entender 'os advérbios, pronomes [...] fazem tanta parte do discurso quanto os ornamentos da popa fazem parte do navio e os cabelos fazem parte do homem' (IV,178,7-9). Em nossa opinião, esses 'alguns' a que Apuleio faz menção seriam os lógicos que, em oposição aos gramáticos, se resumem a manipular um reduzido acervo de proposições, especificamente, as quatro formas categóricas contempladas pela lógica silogística aristotélica. De fato, era corrente entre os lógicos de orientação aristotélica de seu tempo só se aterem ao estudo das quatro formas de proposições categóricas, e não se envolverem com a análise da proposição complexa. Observe-se finalmente que a comparação que ele tece entre os ornamentos da popa (ou os pelos) e o navio (ou o homem) é um tanto obscura, uma vez que a noção de *fazer parte* não é aqui explicitada.

[33] Segundo Platão, a quem Apuleio segue neste tópico, toda proposição simples se expande em nome (ὄνομα, *nomen*) e verbo (ῥῆμα, *verbum*). Cf. *Sofista*, 261C-262E.

Proposição simples → Nome + Verbo

Seguindo Platão e a gramática latina, Apuleio sustenta que toda proposição simples é constituída proximamente de dois elementos: um nome (*nomen*) e um verbo (*verbum*). Dessas partes, uma, o nome, é chamada 'subjetiva' (*subjectiva*) ou 'parte subjetiva'(*pars subjectiva*), aquela que é posta sob, enquanto que a outra, o verbo, é dita 'predicativa' (*declarativa*), declara algo a respeito daquilo que está posto sob. A parte subjetiva sempre encerra um nome, ou expressão equivalente, mas também pode ser expandida mediante outras palavras. A parte predicativa envolve um verbo ou outras palavras de outras partes do discurso. Essas são as duas menores partes necessárias e suficientes para a formação de uma proposição simples. E ilustra esse fato com a seguinte expressão 'Apuleio discursa' (IV,178,1-4). Na verdade, ele não caracteriza o que vem a ser 'nome' e 'verbo', mas nos diz que para formar um discurso verdadeiro ou falso, 'as duas menores partes do discurso' são um nome e um verbo. Sobretudo, na sua silogística ele se vale de proposições que foram mais tarde ditas *de tertio adjacente*, isto é, proposições constituídas de sujeito-cópula-predicado – *v. g.*, 'Toda virtude é louvável'. Como consequência, ele entende que 'com frequência' a parte subjetiva é, de um ponto de vista extensivo, menos extensa que a parte predicativa, uma vez que esta última 'compreende não apenas esta, mas também outras [partes] subjetivas' (IV,178,18-20). Além disso, tanto a parte subjetiva quanto a parte predicativa de uma proposição pode ser constituída de dois tipos de termos: definidos (*definitae*), *v.g.*, *homo, animal*;

e indefinidos (*indefinitae*), *v.g.*, *non-homo*, *non-animal*. Assim, em 'Todo não-animal é não-homem' tanto o termo subjetivo quanto o termo predicativo são termos indefinidos. Cumpre dizer ainda que Apuleio nada diz sobre os termos privativos (*v.g.*, 'seco', 'doce', 'mudo' etc.) e, portanto, não há como comparar seu comportamento semântico com o dos termos indefinidos correlatos (*v.g.*, 'não-úmido', 'não-salgado', 'não-falante' etc). Isto se deve provavelmente ao fato de inexistir uma tradição consolidada envolvendo o estudo dessas noções.

[34] A análise platônica da proposição em nome e verbo recebeu da lógica latina a designação *de secundo adjacente* e reaparece no *De Interpretatione* de Aristóteles valendo-se inclusivamente da mesma terminologia: *onoma* e *rhema*. Galeno, com igual clareza, descreve a relação nome/sujeito e verbo/predicado das proposições categóricas. 'Quanto às partes de que elas [as proposições] são constituídas, nós as chamaremos de 'termos' (*horoi*), segundo o uso tradicional; por exemplo, na proposição 'Dion passeia' tomamos 'Dion' e 'passeia' como termos, na verdade, 'Dion' como termo subjetivo e 'passeia' como termo predicativo. Deste modo, se uma proposição for constituída de um nome e de um verbo, é desta maneira que convém distinguir os termos' (*Inst. Log.*, II, 2-3 tr. Mau).

[35] Em lugar de ler *velut subdita*, que consta no texto de Thomas, seguimos a sugestão de L. M. de Rijk e lemos *vel subditiva*. Isto contudo não nos autoriza a seguir a tradução adotada por Londey & Johanson de *subordinative*, posto que esta palavra tem um significado técnico consagrado (cf. *Logic of Apuleius*, p. 84 nota 2).

[36] O substantivo 'significado' foi o que utilizamos para traduzir a palavra latina *vis* que proximamente significa "força", "vigor", mas também "sentido" ou "significado" das palavras (*e.g.*, *vis verborum*). Cf. Cícero, *De fin.*, II,15. No contexto da lógica, este termo tem aqui, ao que saibamos, sua primeira ocorrência. No período medieval seu emprego rarea, mas na atualidade ele foi retomado e redefinido como a base ou o fundamento, em termos de evidência ou certeza, que as premissas asseguram à conclusão.

[37] Apuleio admite a possibilidade de expandir uma proposição desde que seus extremos sejam substituídos por outras expressões, com maior poder explicitativo, mas de significado equivalente. Ele introduz a questão com os seguintes dizeres: é lícito desenvolver ambas as partes de uma proposição em muitas palavras, desde que se mantenha inalterado seu significado (*eadem vi manente*). Tal afirmação implica que se distinga 'significado' de 'palavra', vale dizer, que se distinga numa proposição a cadeia gráfica ou sonora do significado por ela expresso. Na proposição 'Apuleio argumenta', 'Apuleio' é dita a parte subjetiva e 'argumenta' é denominada de parte predicativa. Mas, esses extremos podem não se resumir a dois vocábulos. Tanto um como o outro podem ser igualmente expressos por construções multivocabulares. Assim, na proposição 'Apuleio argumenta', 'Apuleio' pode ser substituído pela expressão plurivocabular 'O filósofo platônico de Madauros', e por outro lado, no que diz respeito à parte predicativa, ele diz que a palavra 'argumenta' (*disserendo*) pode ser expandida na expressão 'utiliza-se do discurso' (*uti oratione*). Deste modo, a proposição 'Apuleio argumenta' pode ser expandida em 'O filósofo platônico de Madauros utiliza-se do discurso'. Enquanto eventos sonoros (*orationes*), tais proposições são distintas, mas as mesmas enquanto significado. Há quem entenda que o exemplo acima não é feliz, já que os predicados *disserendo* e *uti oratione* não têm o mesmo sentido e nem a mesma referência, uma vez que – como Apuleio diz no início de seu livro – o primeiro é apenas um aspecto ou parte do segundo (M. W. Sullivan, *Apuleian Logic*, p. 23, n. 2). Teoricamente, o que Apuleio afirma é tão bom quanto o princípio da substituibilidade *salva veritate*. Mas, há que se reconhecer que não é fácil encontrar equivalências sinonímicas entre expressões da linguagem corrente. Assim sendo, o exemplo de Apuleio é pertinente desde que se leve em conta os limites da

linguagem corrente. O fato é que o princípio que ele sustenta é procedente e o exemplo aduzido, mal ou bem, aponta nessa direção. Nuchelmans entende, por outro lado, que Apuleio quer mostrar que a função de sujeito e a de predicado permanecem a mesma quando se considera tanto a forma resumida quanto a forma expandida (*Theories of Proposition*, pp. 121-122). O que sem dúvida é verdadeiro. Isto porém não invalida a tese anterior. Mostra apenas que outra função o exemplo acima pode desempenhar.

[38] Em sua análise da proposição, Apuleio diz que a parte subjetiva é menos extensa ou menor (*minor*) enquanto que a parte predicativa é mais extensa ou maior (*maior*), isto é, numa proposição simples a parte predicativa se aplica a um maior número de itens do que a parte subjetiva (IV,178,18-20). Na terminologia atual, isto poderia ser dito assim: numa proposição assertiva verdadeira – como, 'Apuleio argumenta' – o termo predicativo é, em princípio, referencialmente mais extenso que o termo subjetivo; ou ainda: numa proposição assertiva verdadeira o predicado é em princípio mais abstrato que o sujeito. Eis sua explicação para esta questão: o termo subjetivo é 'menor' porque só diz respeito a um único objeto, ao passo que a parte predicativa compreende não apenas este, mas eventualmente outros mais. Aqui, ele estabelece, de maneira explícita, a desigualdade de extensão dos extremos de uma proposição. Como já foi dito, esta observação de Apuleio só se aplica, em princípio, às proposições verdadeiras, pois no que concerne às falsas tudo seria possível.

[39] Apuleio prossegue aqui sua análise da proposição. Embora o predicado seja em princípio mais extenso que o sujeito, há, porém, uma exceção: quando ele consiste no próprio (*proprium*) ou na definição do sujeito. O substantivo neutro *proprium* é a tradução do grego aristotélico *ídion*. Com efeito, o próprio é um dos quatro predicáveis aristotélicos, isto é, um dos modos pelos quais algo pode ser dito de um sujeito (cf. nota infra 65). O próprio é o universal que pertence a todos os seres de uma classe e só a eles, sem contudo constituir a essência mesma desses seres. Tal é o caso da risibilidade em relação ao homem, ou da relinchabilidade em relação ao cavalo. Nenhuma dessas duas propriedades define seu sujeito, mas todos os seus sujeitos a possuem e só eles a possuem. Assim, não cabe dizer que um cavalo seja um cavalo pelo fato de relinchar, mas todo cavalo relincha e só os cavalos relincham. Das considerações acima, é fácil deduzir que nenhuma dificuldade teórica existe em uma classe de seres possuírem mais de um próprio. Finalmente, Apuleio observa que o próprio se converte com o seu sujeito, já que o próprio é um atributo que tem a mesma extensão que seu sujeito. Com efeito, 'Todo cavalo relincha' se converte em 'Tudo o que relincha é cavalo'. Isto é possível porque, no exemplo em questão, o predicado expressa um próprio do sujeito. Com frequência esta forma de transposição é chamada, na atualidade, de 'reciprocação'.

[40] Em prosseguimento à sua análise da proposição, Apuleio diz que quando os termos subjetivo e predicativo de uma proposição simples não forem coextensivos, a inversão da ordem não é possível. Ele adverte que o fato de uma proposição ser verdadeira não faz com que a mudança de ordem de seus extremos origine também uma proposição verdadeira. Assim, a verdade de 'Todo homem é animal' não enseja a verdade de 'Todo animal é homem', já que 'homem' e 'animal' não são coextensivos, isto é, ser animal não é um atributo exclusivo de homem. Finalmente, cumpre dizer que Apuleio não menciona o fato de a definição se reciprocar – tanto quanto o próprio – com seu sujeito.

[41] Dando mais um passo em sua análise da proposição, ele observa que não é difícil reconhecer a parte predicativa da proposição, mesmo quando sujeito e predicado não se encontram na ordem padrão ou usual. Primeiramente, porque a parte predicativa é mais extensa do que a parte subjetiva. Em segundo lugar, porque a parte predicativa nunca é expressa por meio de um nome

(*vocabulum*), mas de um verbo (*verbum*). Mesmo quando só o próprio se encontra envolvido ou quando os extremos são igualmente extensos, a parte subjetiva se distingue da parte predicativa já que esta é sempre expressa por um verbo.

[42] Em sua análise da proposição, Apuleio assinala que tanto as proposições como os termos podem ser *definitae* ou *indefinitae*, e assim ele aplica as mesmas palavras para qualificar tanto a proposição como o termo. E aqui ao traduzir seguimos fielmente esta orientação. Porém, pessoalmente, entendemos que é o caso de distinguir: as proposições cabem ser ditas 'definidas'/ 'indefinidas', ao passo que os termos cabem ser chamados de 'finitos'/'infinitos'. Uma proposição definida é aquela que é ostensivamente quantificada e uma proposição indefinida é aquela que não é ostensivamente quantificada – *v.g.*, *Animal spirat* (cf. supra nota 24). Por outro lado, como os termos que compõem se subdividem em subjetivos e predicativos, pode-se dizer que tanto o termo subjetivo quanto o predicativo podem ser afetados (*v.g.*, 'não-homem') ou não (*v.g.*, 'homem') pela partícula negativa 'não' (Aristóteles, *De Int.*, 19b5-12). Apuleio observa ainda que termos infinitos (ou em sua terminologia 'indefinidos'), como 'não-homem' ou 'não-animal', ao contrário de 'homem' ou 'animal', não se referem a algo de positivamente existente, mas expressam apenas que as partes infinitas (ou indefinidas) 'não definem o que uma coisa é, uma vez que ela não é esta coisa, mas apenas mostram que é algo de distinto' (IV,179,15-16).

[43] Começa aqui a exposição do aparato propriamente dedutivo do *Peri Hermeneias*. Nesse sentido, a oposição proposicional, a equipolência e a conversão constituem os tópicos inicialmente estudados. Tal como Aristóteles, Apuleio não classifica a oposição como uma forma de inferência. Por fim, cumpre explicitar algo que Apuleio nunca diz: que toda a sua teoria dedutiva envolve apenas os quatro tipos de proposições categóricas tradicionais.

[44] A finalidade deste capítulo é estudar a oposição proposicional, isto é, analisar o modo pelo qual os quatro tipos de proposições gerais se relacionam entre si (*inter se affectae sint*). Nesse sentido, ele desenvolve um conjunto de indicações que sugerem um gráfico que, quando construído, recebe a designação de 'quadrado de oposição' (*quadrata formula*), cf. infra nota 54. Importa também ter presente que a terminologia de Apuleio, no que diz respeito à oposição proposicional, difere da que virá mais tarde a circular na maior parte dos tratados de lógica medievais. Por tal razão, cumpre estabelecer as equivalências vocabulares:

Português	Latim Medieval	Apuleio
Contrárias	*Contrariae*	*Incongruae*
Subcontrárias	*Subcontrariae*	*Subpares*
Contraditórias	*Contraditoriae*	*Alterutrae*
Subalternas	*Subalternae*	X

Como se vê na tabela acima, no *Peri Hermeneias* nenhuma designação é proposta para as subalternas, embora esta palavra, *subalternae*, conste no quadrado de oposição que se vê na edição de P. Thomas (cf. *Apulei Madaurensis*, III, p. 180). Mesmo sem dispor de um nome para esta forma de oposição, ele fala sobre as relações de verdade associadas a essa noção que na atualidade designamos de 'subalternação'. Pois, ele não desconhece que se uma universal for verdadeira, então também o será sua particular; e se uma particular for falsa, também sua universal o será; mas a conversa desta última relação não vale universalmente (cf. infra notas 52 e 53). Finalmente, há que se reconhecer que muito provavelmente foi Apuleio quem pela primeira vez estabeleceu todas as leis que regem a oposição proposicional.

[45] Apuleio emprega a palavra *incongruae*, ou 'inconciliáveis' ou 'inconsistentes', para designar a relação que se dá entre duas proposições universais que se opõem quanto à qualidade. Em lugar de assimilá-la sob a forma 'incôngrua', no singular, ou 'incôngruas', no plural, evidenciando deste modo a afinidade terminológica, preferimos traduzi-la pela utilização da palavra portuguesa padrão 'contrárias'. Portanto, as proposições *Aab* e *Eab* são, na terminologia de Apuleio *incongruae*, enquanto que em nossa terminologia são chamadas de 'contrárias'. Cf. infra nota 50. Note-se que no *Peri Hermeneias*, V,179,29 o vocábulo *contrariae* é utilizado não no sentido específico acima, mas na acepção ampla de "opostos". Cf. infra nota 50.

[46] Apuleio utiliza a palavra *subpares*, 'quase-iguais', para designar a relação que se dá entre duas proposições particulares que se opõem quanto à qualidade. Em lugar de translitera-la sob a forma 'subpar', no singular, ou 'subpares', no plural, ou então de verte-la pela forma 'quase-iguais' para assim evidenciar a afinidade terminológica, preferimos traduzi-la empregando a palavra portuguesa padrão 'subcontrárias'. Portanto, as proposições *Iab* e *Oab* são, na terminologia de Apuleio, denominadas de *subpares*, enquanto que na atual terminologia lógica são ditas 'subcontrárias'. Cf. infra nota 51.

[47] Apuleio utiliza o pronome *alteruter* que quer dizer "um ou outro (de dois)" ou "um dos dois", e ainda o pronome *subneutrer* que também quer dizer "um ou outro" para designar a relação que se dá, no presente caso, entre duas proposições que diferem tanto em qualidade quanto em quantidade, vale dizer, duas proposições contraditórias. Aqui, em vez de translitera-la sob a forma 'alterutra', para o singular, e 'alterutras', para o plural, ou então de verte-la pela forma 'uma ou outra' a fim de evidenciar desta maneira a afinidade terminológica, preferimos traduzi-la utilizando o vocábulo padrão 'contraditória'. Consequentemente, as proposições *Aab* e *Oab* e as proposições *Eab* e *Iab* são, na terminologia de Apuleio, ditas *alterutrae*, enquanto que na terminologia portuguesa são ditas 'contraditórias'. Cf. infra nota 49.

[48] A frase *perfecta pugna* é a tradução da expressão estoica τέλειος μάχη (Galeno, *Inst.*, IV, 1, 2, 3, 4; V, 3, 4; XIV, 5, 7, 10, 11; Sexto, *Hyp. Pyr.*, II, 162, 191). Em Apuleio, porém, ela qualifica a relação que se dá entre duas proposições contraditórias.

[49] Apuleio se manifesta sobre o comportamento semântico das contraditórias em duas passagens. Na primeira, ele diz que 'de toda necessidade, uma ou outra tem de ser verdadeira' (V,180,1), em termos simbólicos Nec(Asp v Osp)&Nec(Esp v Isp). Na segunda, diz que 'quem estabelecer qualquer uma delas refuta a outra, isto é, $Asp \rightarrow \sim Osp$ ou ainda $Esp \rightarrow \sim Isp$; e quem refutar uma delas por certo estabelece a outra' ou então $\sim Isp \rightarrow Esp$, ou ainda $\sim Osp \rightarrow Asp$ (V,180,11-13). Portanto, as proposições contraditórias não são simultaneamente verdadeiras: se uma for verdadeira, então a outra será falsa, isto é, $Osp \rightarrow \sim Asp$, ou então $Isp \rightarrow \sim Esp$; e se uma for falsa, então a outra será verdadeira, vale dizer, $\sim Asp \rightarrow Osp$ ou ainda $\sim Esp \rightarrow Isp$ ou então $\sim Isp \rightarrow Esp$ e também $\sim Osp \rightarrow Asp$. E, quem demonstra uma, refuta a outra; e, quem refuta uma, demonstra a outra.

[50] Apuleio se refere ao comportamento semântico das contrárias em duas passagens. Na primeira, ele afirma que nunca podem ser feitas simultaneamente verdadeiras, isto é, $\sim Pos(Asp$ & $Esp)$, embora possam às vezes ser simultaneamente falsas, em termos simbólicos, Pos($\sim Asp$ & $\sim Esp$), cf.

V,180,3-5. Na segunda, ele diz que 'o estabelecimento de uma significa a destruição da outra; mas a refutação de uma não significa o estabelecimento da outra', isto é, isto é, $Asp \rightarrow \sim Esp$ ou $Esp \rightarrow \sim Asp$ (V,180,8-10). Portanto, quem demonstra uma, refuta a outra, mas quem refuta uma, não demonstra a outra. Daí ele recusar tanto $\sim Asp \rightarrow Esp$ como $\sim Esp \rightarrow Asp$.

[51] O desempenho semântico das subcontrárias é descrito em duas passagens. Na primeira, é dito que 'elas nunca são simultaneamente falsas, embora por vezes sejam conjuntamente verdadeiras' (V,180,5-6). Na segunda, ele afirma que 'a refutação de qualquer uma dessas [subcontrárias] acaba por estabelecer a outra, mas o estabelecimento de qualquer uma delas não refuta a outra' (V,180,6-8). As proposições subcontrárias nunca são falsas simultaneamente, isto é, $\sim(\sim Isp$ & $\sim Osp)$, mas podem ser simultaneamente verdadeiras, vale dizer, $Pos(Isp$ & $Osp)$; portanto, a refutação de uma acarreta a demonstração da outra, quer dizer, $\sim Isp \rightarrow Osp$ ou $\sim Osp \rightarrow Isp$; mas a demonstração de uma não destrói a outra, isto significa que a verdade do antecedente (ou premissa) não garante a verdade do consequente (ou conclusão), donde Apuleio rejeitar os dois seguintes enunciados: $Isp \rightarrow \sim Osp$ e ainda $Osp \rightarrow \sim Isp$.

[52] Apuleio aqui define as condições de verdade da subordinação (isto é, a relação que se dá entre uma universal e sua particular): uma universal, se verdadeira, estabelece a verdade de sua particular, o que pode ser expresso simbolicamente por $Asp \rightarrow Isp$ ou $Esp \rightarrow Osp$; mas uma universal se falsa, sua particular tanto poderá ser falsa quanto verdadeira.

[53] Apuleio estabelece as condições de verdade da subalternação (isto é, a relação que se dá entre uma particular e sua universal): uma particular, se falsa, estabelece a falsidade da universal, o que cabe ser assim simbolizado $\sim Isp \rightarrow \sim Asp$ e $\sim Osp \rightarrow \sim Esp$; mas uma particular, se verdadeira, não estabelece a verdade da universal. Além das relações que acabamos de enunciar, Apuleio rejeita como inválidas as seguintes formas de subalternação:

$$\sim Asp \rightarrow \sim Isp$$
$$\sim Esp \rightarrow \sim Osp$$
$$Isp \rightarrow Asp$$
$$Osp \rightarrow Esp$$

[54] A fim de implementar esta questão, ele fora levado a desenvolver um gráfico que se tornou conhecido sob a designação de 'quadrado de oposição'. O quadrado de oposição, por ele denominado de *quadrata formula*, 'figura quadrada', tem por objetivo, como ele nos assegura, evidenciar as diversas espécies de relações que se dão entre os quatro tipos de proposições simples ou categóricas em mantendo a ordem dos extremos. O quadrado de oposição que consta no texto de nossa tradução é o que se vê na edição Thomas que por sua vez foi retirada da edição de Goldbacher. Contudo, segundo argumenta D. Londey & C. Johanson, este não corresponde *verbo ad verbum* à descrição que consta no texto do *Peri Hermeneias* que é um mero quadrado cujos vértices estão ligados por suas diagonais (*Logic of Apuleius*, p.111). Mas qualquer que seja sua aparência, há quem afirme que o quadrado de oposição é uma criação de Apuleio (cf. I. M. Bocheński, *Ancient Formal Logic*, p. 37, n. 14; D. Londey & C. Johanson, *Logic of Apuleius*, p.108-112). E não se conhece um texto grego ou latino anterior a Apuleio que encerre esta figura. O quadrado de oposição que se encontra em nossa tradução é exatamente aquele que consta na

edição de P. Thomas (V,180,19), mas não se limita a descrever apenas as três relações a que Apuleio faz menção em seu texto. Cf. supra nota 44.

⁵⁵ Apuleio desenvolve a seguir as diversas condições de verdade que cada uma das proposições do quadrado de oposição mantém com respeito às demais; ou de maneira mais precisa, como destruir (ou refutar) e estabelecer (ou provar) uma dada proposição categórica.

⁵⁶ A presente passagem é por demais sumária, cabendo assim ser desdobrada. Nela, Apuleio nos diz que uma proposição universal é destruída de três maneiras. Tratando-se de uma *universal afirmativa*, isto se dá caso se estabeleça: i) a falsidade da proposição particular afirmativa correspondente, uma vez que ~*Isp*→~*Asp*; ou ii) a verdade da proposição universal negativa, dado que *Esp*→~*Asp*; ou iii) a verdade da proposição particular negativa, já que *Osp*→~*Asp*. Como se vê, ~*Isp*, *Esp* e *Osp*, quaisquer uma delas, acarreta a falsidade de *Asp*. Mas, em se tratando de uma *universal negativa*, ela vem a ser destruída, caso se estabeleça: i) a falsidade da proposição particular negativa, pois ~*Osp*→~*Esp*; ou ii) a verdade da proposição universal afirmativa, uma vez que *Asp*→~*Esp*; ou iii) a verdade da proposição particular afirmativa, já que *Isp*→~*Esp*.

⁵⁷ O estabelecimento da verdade de uma proposição universal, afirmativa ou negativa implica a falsidade de sua contraditória. Portanto, se uma particular negativa for falsa, sua correspondente universal afirmativa será verdadeira, isto é, ~*Osp*→*Asp*; e se uma particular afirmativa for falsa, sua correspondente universal negativa será verdadeira, vale dizer, ~*Isp*→*Esp*.

⁵⁸ A falsidade da particular afirmativa é estabelecida pela verdade da universal negativa, quer dizer, *Esp*→~*Isp*; e para falsear uma particular negativa basta estabelecer a verdade da universal afirmativa, em símbolos, *Asp*→ ~*Osp*. Toda proposição particular, se refutada, refuta sua universal correspondente; mas demonstrada, não demonstra sua universal.

⁵⁹ Apuleio nos diz que uma *particular afirmativa*, ela é estabelecida: i) se a universal afirmativa for verdadeira, isto é, *Asp*→ *Isp*; ou ii) se a universal negativa for falsa, quer dizer, ~*Esp*→ *Isp*; ou iii) se a particular negativa for falsa, vale dizer, ~*Osp*→ *Isp*. Mas caso seja uma *particular negativa*, sua verdade é estabelecida: i) se a universal negativa for verdadeira, isto é, *Esp* →*Osp*; ou ii) se a universal afirmativa for falsa, quer dizer, ~*Asp* →*Osp*; ou iii) se a particular afirmativa for falsa, simbolicamente, ~*Isp*→ *Osp*.

⁶⁰ Apuleio começa agora a tratar da equipolência proposicional. A palavra *aequipollentia* (*aequus*, 'igual', e *pollentia*, 'força') é a forma latina daquilo que em português é expresso pelas palavras 'equivalência' ou 'equipolência'. Aparentemente, Apuleio assinala duas exigências para que um par de proposições sejam equipolentes ou equivalentes: i) terem distintas enunciações, vale dizer, diferirem quanto à construção vocabular o que faz com que *Aab* não possa ser equipotente a *Aab*; ii) terem o mesmo valor de verdade. A título de exemplo ele menciona o fato de que toda proposição indefinida sempre é equipolente à sua correspondente particular. Assim, 'O homem é racional' é equipolente a 'Algum homem é racional'. Apuleio diz também que toda proposição que for precedida por um negador se torna equipolente à sua contraditória; ou seu corolário, se *p* e *q* forem proposições contraditórias, a negação de *p* a torna equipolente a *q*, isto é, '*p* ↔ ~*q*' e '*q* ↔ ~*p*'. Com isso, 'Todo prazer é um bem', se precedida de um negador, 'Nem todo prazer é um bem', torna-se equipolente a sua contraditória, 'Certo prazer não é um bem'. Uma propriedade que Apuleio assinala à relação de equipolência é a possibilidade das proposições serem intercambiáveis entre si.

⁶¹ Apuleio distingue três espécies de conversão, já que toma esta palavra em sentido mais extenso que o aristotélico. São as seguintes: i) a conversão simples que se aplica à universal negativa e à

particular afirmativa; ii) a conversão particular que se aplica à universal afirmativa; e, por fim, iii) a conversão por contraposição que versa sobre a universal afirmativa e a particular negativa.

[62] Apuleio passa agora ao estudo da conversão proposicional. Tal como Aristóteles, Apuleio não classifica a conversão como uma forma de inferência. A palavra *conversio* já fora utilizada por Cícero, mas em sentido retórico (*De orat.*, III,54,207). Em acepção lógica, ela só aparece com Apuleio. A razão de seu estudo é a seguinte: em seu entender, só há dois procedimentos para estabelecer a validade das inferências silogísticas: a prova por *conversão* e a prova *per impossibile*. Um fato importante na teoria lógica de Apuleio é a ênfase dada ao processo que faculta, a partir da conversão de uma proposição que ocorre numa inferência, vir a gerar outra inferência. A conversão permite que a partir de modos válidos sejam formados novos modos válidos. Abrangendo todos os seus aspectos, ela não pode ser definida com exatidão. Mas pode ser descrita como um procedimento em que uma proposição é gerada pela mudança de ordem dos extremos de outra proposição ou, em outras palavras, uma proposição é convertível se seus extremos puderem ser intercambiados, enquanto que a condição de verdade ou falsidade se mantém constante (VI,181,22-23). Por exemplo, partindo da proposição 'Nenhum sábio é ímpio' é dado chegar – mantendo-se o valor de verdade desta proposição - à proposição 'Nenhum ímpio é sábio', pela transposição da ordem de ocorrência de seus extremos, isto é, por conversão.

[63] Aqui é definido o que vem a ser 'proposições convertíveis' – ou o que chamamos, de acordo com a tradição, de 'conversão simples' – vale dizer, a conversão que se aplica tanto à proposição universal negativa (*v.g.*, 'Nenhum sábio é ímpio' se converte simplesmente em 'Nenhum ímpio é sábio') como à particular afirmativa (*v.g.*, 'Algum gramático é homem' converte-se simplesmente em 'Algum homem é gramático'). Apuleio não justifica nenhuma dessas formas de conversão. Provavelmente, por entender que os dois exemplos enunciados sejam suficientes para justificar ambas as operações formais. No presente caso, não se impõe conhecer o significado ou o conteúdo da proposição, mas apenas o funcionamento de suas constantes lógicas: 'é', 'nenhum' e 'algum'. Em termos estritamente simbólicos, temos

$$Esp \rightarrow Eps$$
$$Isp \rightarrow Ips$$

Tal processo de conversão mantém, como se vê, tanto a qualidade quanto a quantidade da proposição original. Neste caso, a relação é de mútua implicação ou equivalência, isto é, $Esp \leftrightarrow Eps$ e $Isp \leftrightarrow Ips$. O mesmo não se dá em relação às proposições universal afirmativa e particular negativa.

[64] Apuleio diz aqui que as proposições universal afirmativa e particular negativa 'embora possam ser por vezes convertidas' (VI,182,2) não podem ser contudo ditas 'proposições convertíveis', uma vez que nem sempre a proposição convertida preserva o valor de verdade da proposição original. No final do presente capítulo (VI,183,2-8), ele torna a falar sobre a conversão – entenda-se em linguagem moderna contraposição – da universal afirmativa ('Algum animal não é racional'/ 'Algum não-racional não é não-animal'; 'Todo homem é racional'/ 'Todo não-racional animal é não-homem').

[65] Apuleio passa agora a desenvolver esta forma de conversão, vale dizer, a conversão que depende diretamente do significado das expressões (constantes não-lógicas) que ocorrem na proposição, isto é, a conversão que só é possível caso se conheça o conteúdo ou o significado da proposição. Trata-se, portanto, de uma operação não-formal que independe de sua estrutura ou

forma e, assim, da qualidade e quantidade da proposição. Tal tipo de conversão se baseia na suposição de que todo predicado (de um sujeito) tem que ser um dos cinco *predicáveis* admitidos por Apuleio. Admitido este fato, ele fixa as regras mediante as quais – sem que se leve em conta sua qualidade e quantidade - é dado converter uma proposição.

Na verdade, a teoria dos predicáveis remonta a Aristóteles. Nos *Tópicos* encontramos agrupados, sob quatro rubricas de extrema generalidade, tudo o que pode ser asserido de um sujeito qualquer - no caso específico de Aristóteles, este sujeito nunca poderá ser um indivíduo concreto e singular, mas uma classe (*Tóp.*, I, Cap. 4). Tais rubricas são: gênero (*génos*), próprio (*ídion*) e acidente (*symbebēkós*); logo a seguir, porém, ele nos diz que no 'próprio' há que se distinguir dois significados: i) o que ele chama de *tò tí ēn einai* que encerra a definição (*hóros*), e ii) o próprio em seu sentido técnico conhecido (cf. nota 39). Deste modo, sua classificação se resume: gênero, próprio, acidente e definição. Estes são os predicáveis aristotélicos. Destes quatro predicáveis só aquelas expressões que cabem ser qualificadas de definição e próprio (do sujeito) são coextensivos com ele, enquanto que aquelas que exercem a função de gênero (e de diferença) e acidente não o são. Séculos mais tarde, Porfírio (*c.* 232-304), discípulo de Plotino, foi também levado a realizar, em seu livro *Isagoge*, uma classificação semelhante, embora tenha chegado a resultados distintos aos de Aristóteles. Segundo Porfírio, os predicáveis seriam os seguintes: gênero, espécie, diferença, próprio e acidente (*Isagoge*, I). Cronologicamente, entre Aristóteles e Porfírio se situa Apuleio e, por tal razão, este não teria tido contato com os predicáveis porfirianos. Apuleio assimila todos os predicáveis de Aristóteles e acrescenta, de sua parte, a diferença (lat. *differentia*, gr. *diaphorá*), predicável que Aristóteles reduz ao gênero (*Tóp.*, 101b18ss). De fato, Apuleio classifica (ou divide) os possíveis predicados de uma proposição em cinco classes: próprio, gênero, diferença, definição e acidente. Como dissemos, tais palavras são chamadas genericamente de *predicáveis*, e a teoria a seu respeito é chamada de *teoria dos predicáveis*. Eis a tabela comparativa:

Aristóteles	Apuleio	Porfírio
gênero	gênero	gênero
próprio	próprio	próprio
definição	definição	x
acidente	acidente	acidente
x	diferença	diferença
x	x	espécie

Ao contrário de Aristóteles, Apuleio não explica o que estas palavras querem dizer, mas é provável, pelo que se depreende do exemplo aduzido, que elas estejam sendo tomadas no sentido, pelo menos aproximado, que receberam de alguma tradição oriunda do aristotelismo. Mas não propriamente de Aristóteles, pois, este não inclui a *diferença* entre os predicáveis. Este conceito, porém, pode ser inferido de outro, isto é, da *definição* posto que esta implica o *gênero* e a *diferença.* (Quanto à diferença (*diaphorá*), Aristóteles nos diz que 'não é necessário mencioná-la em separado pois ela é da natureza do gênero', *Top.*, 101b18-19).

[66] Uma vez fixados esses cinco predicáveis, Apuleio pode dividir esta noção em duas classes. De início, valendo-se da noção de conversão ele classifica as proposições, segundo o predicado possa ou não assumir o lugar do sujeito: (i) as que são *convertíveis*, vale dizer, aquelas cujo predicado só possa ser a definição ('Todo homem é animal racional mortal' se converte em 'Todo animal racional mortal é homem') ou o próprio ('Todo homem é risível' se converte em 'Tudo o que é risível é homem'); e (ii) as *não-convertíveis*, que se subdividem em gênero, diferença e acidente. Deste modo, Apuleio afirma que há apenas cinco modos de atribuição. Assim, a respeito de *homem* tudo o que se pode afirmar a seu respeito expressará: ou um *próprio* (*v.g.*, 'O homem é risível'), ou um *gênero* (*v.g.*, 'O homem é animal'), ou uma *diferença* (*v.g.*, 'O homem é racional'), ou uma *definição* (*v.g.*, 'O homem é animal racional mortal'), ou, por fim, um *acidente* (*v.g.*, 'O homem é orador'). Desses cinco predicáveis só o próprio e a definição são convertíveis *salva veritate* com o sujeito. Os demais predicáveis não são, em princípio, convertíveis com o sujeito.

[67] A locução latina *quid sit*, 'o que é', deve ser tomada no sentido de "essência", vale dizer, o conjunto de notas ou determinações que fazem com que uma coisa seja *o que é* e, assim, vindo a se distinguir das demais. Portanto, em sentido estrito, a resposta à pergunta 'O que é *X*?' só é plenamente respondida mediante a definição (ou *quidditas* ou essência) de *X*.

[68] Cf. supra nota 65.

[69] Apuleio aqui afirma que uma proposição particular negativa não se converte em nenhuma outra. Mas importa levar em conta que mais adiante (VI,183,5-6) ele dirá que a proposição 'Algum animal não é racional' se converte em 'Algum não-racional é animal' (cf. infra nota 73).

[70] Apuleio desenvolve aqui a conversão que acima rotulamos de 'acidental'. Tal forma de conversão só se aplica à proposição que convertida dá origem a uma proposição particular. Tal é o caso da universal afirmativa que se converte em uma particular afirmativa, isto é, *Asp → Ips*, mas a recíproca não é o caso pois *Ips* não implica *Asp*. Pela lógica posterior foi denominada de conversão *per accidens* ou 'acidental'.

[71] Esta é a segunda espécie de conversão em que há mudança na ordem não só dos extremos da proposição, como também nos próprios termos. Esta forma de conversão se aplica, segundo Apuleio, à universal afirmativa e à particular negativa. Em seu entender, tais proposições não são necessariamente inconvertíveis, mas também não são necessariamente convertíveis.

[72] Este exemplo, de *Omnis homo [est] animal* se converte em *Omne non animal [est] non homo* – isto é, em linguagem formal *Asp → Ap's'*–, é hoje denominado correntemente de 'contraposição' ou 'conversão por contraposição'.

[73] O exemplo em questão, de *Quoddam animal non est rationale* obtemos *Quoddam non rationale [est] animal* – isto é, em linguagem formal *Osp → Ip's* –, é hoje denominado por certos autores de 'contrapositiva parcial' (R. Eaton, *General Logic*, p. 211).

[74] Aqui tem início a análise do silogismo ou, em sua terminologia, *collectio*, 'inferência', tema que constitui o cerne do *Peri Hermeneias* (cf. infra nota 85). Tudo o que foi dito até o presente momento não passou, em certo sentido, de uma preparação ou *adminiculum* para o estudo desta questão. Nesse sentido, ele se utiliza da definição aristotélica de silogismo e a submete a uma detalhada análise. Por tal razão, ele introduz um conjunto de noções – como, *acceptio, illatio, propositio, collectio, conclusio* etc – indispensáveis para levar a termo seu objetivo. Por outro

lado, vemos no *Peri Hermeneias*, pela primeira vez na história da lógica, a exposição mais detalhada dos modos indiretos do silogismo categórico.

[75] Esta *particula communis*, 'partícula (ou termo) comum', é o vocábulo de que Apuleio se serve para expressar basicamente o que é por Aristóteles chamado de *méson*, 'termo médio' (*An. Pr.*, 25b35). Mediante esse termo comum é que o par de premissas – que Apuleio chama de *conjugatio* - ganha a unidade com a qual torna-se possível a obtenção de uma conclusão. O termo comum ou médio, como é sabido, só ocorre nas premissas e exerce uma das três seguintes funções sintáticas: 1) sujeito de ambas as premissas; 2) predicado de ambas as premissas; e 3) sujeito de uma e predicado de outra. Este fato tem consequências diretas sobre a natureza da inferência, isto é, sobre a qualidade e quantidade da conclusão.

[76] Aqui traduzimos a palavra *declarans* por 'atributo', vale dizer, o que resta do predicado quando dele se subtrai o verbo. Assim, nos predicados 'é bom' e 'não é mau' os atributos são 'bom' e 'mau', respectivamente.

[77] A primeira figura se caracteriza por apresentar 'o termo comum como o sujeito em uma das premissas e predicado em outra' (*communis particula in altera subiecta, in altera declarans est*, VII,183,15-16). Em nenhum momento Apuleio afirma, ou mesmo sugere, que na primeira figura 'o termo médio aparece na parte predicativa da *primeira* premissa e na parte subjetiva da *segunda*'. No texto do *Peri Hermeneias* nenhuma menção é feita de maneira explícita e manifesta à questão da ordem das premissas. Daí a equivocidade desta definição, pois, ela caracteriza, segundo se interprete, tanto a primeira como a quarta figuras. Cumpre notar que Apuleio dá uma especial ênfase (*dignitas*) a primeira figura por força da 'relevância de suas conclusões' (*conclusionum dignitate*), uma vez que admite todos os gêneros de conclusão: universal afirmativa, universal negativa, particular afirmativa e particular negativa.

[78] A terceira figura é aquela em que 'o termo médio tem que ser [...] sujeito em ambas as premissas'(*particula communis necesse est [...] in utraque propositione subiecta sit*, VII,183,12-13) Cumpre observar que, no entender de Apuleio, a terceira figura é entre todas a dotada de menor relevância, uma vez que só apresenta conclusões particulares, sejam elas afirmativas ou negativas. Por tal razão, ocupa o terceiro e último lugar entre todas as figuras (VII,183,18-19). Nesta, a premissa menor deve ser sempre afirmativa e a conclusão particular.

[79] A segunda figura é aquela em que 'o termo médio tem que ser ... atributo em ambas [as premissas]' (*particula communis necesse est [...] in utraque [propositione] declarans sit*, VII,183,12-13). Cumpre notar que, no entender de Apuleio, a segunda figura é dotada de menor relevância que a primeira, embora seja de maior relevância do que a terceira. Isto se deve ao fato de esta figura, nos diz ele, apresentar conclusões universais, embora negativas. Por tal razão, ocupa o segundo lugar entre as figuras (VII,183,19-20). Nela, uma das premissas deve ser negativa e a maior tem que ser universal.

[80] Para efeito de clareza, cumpre dizer que a segunda figura encerra tanto conclusões universais quanto particulares. A passagem em questão, ao dizer que a segunda figura 'tem conclusões universais' (*quae habet conclusiones universales*, VII,183,19-20) não quer afirmar que só tenha esse tipo de conclusão.

[81] O substantivo feminino *illatio* no latim clássico quer dizer "sepultura" ou "ação de levar"; em vez de transliterá-lo por 'ilação' preferimos traduzi-lo por 'conclusão'. Assim, tais como são empregadas por Apuleio, *illatio* e *illativum rogamentum* significam o mesmo que 'conclusão' e 'proposição conclusiva', mas cumpre ressaltar que estas expressões nem sempre significam o mesmo que *conclusio* (cf. nota 86).

[82] Esta é a definição dada para a palavra feminina *acceptio* que em latim clássico quer dizer "recepção", "ação de receber" ou "aceitação". Trata-se da palavra de que se serve Apuleio para 'pressuposto' ou 'premissa' e, por tal razão, usamos a palavra 'premissa' na presente tradução. No *Peri Hermeneias*, a palavra *acceptio* é contraposta à *conjugatio*.

[83] Apuleio nos diz que se tomarmos como premissa 'Toda coisa honesta é boa' e a esta associarmos 'Toda coisa boa é útil' formamos a seguinte conjunção da primeira figura

Toda coisa honesta é boa

Toda coisa boa é útil

da qual é dado extrair duas conclusões: uma, direta ('Toda coisa honesta é útil') e outra indireta, pela conversão da conclusão anterior ('Alguma coisa útil é honesta').

[84] Como é sabido, Apuleio não emprega o termo *'syllogismus'*, mas *collectio*, por não ousar, ao que parece, introduzir um neologismo. Somos assim compelidos a encontrar uma tradução para esse termo. Em nosso entender, esta só poderá ser 'inferência' (ou uma de suas variantes) ou 'silogismo'. Mas, há que ser dito que 'inferência' é uma palavra por demais extensa (já que vai muito além da definição e dos exemplos que constam em seu livro) e, assim, a solução que resta é vertê-la por 'silogismo'. A definição de *collectio* por ele apresentada é objeto, de sua parte, de quatro esclarecimentos complementares, que veremos nas notas a seguir.

[85] O substantivo feminino *conclusio* é, em sentido próprio, a "ação de fechar" ou "encerrar"; na terminologia filosófica, é utilizado nas acepções de "argumento" e "conclusão" (Cícero, *Tóp.*, 54). Em Apuleio, *conclusio* tem uma extensão semelhante, razão pela qual nem sempre pode ser traduzido pela palavra 'conclusão'. Neste sentido amplo, *conclusio* tanto se aplica a uma inferência em sua totalidade (e nesta acepção cabe ser traduzida por 'inferência', tal é o que se dá na presente passagem) quanto a sua parte final (e neste sentido deve ser traduzida por 'conclusão').

[86] O que lemos em Apuleio, *'oratio, in qua concessis aliquibus aliud quiddam praeter illa, quae concessa sunt, necessario evenit, sed per illa ipsa concessa'* é, em essência, a tradução para o latim da definição aristotélica de silogismo (cf. *An. Pr.*, 24b18-20). Como indicam os exemplos, uma *collectio* envolve três proposições dispostas de tal maneira que a última, dita 'conclusão', é obtida a partir das duas primeiras, ditas 'premissas'. Como os contextos sugerem, a definição acima de 'inferência' remete diretamente para a noção de silogismo.

[87] Em sua primeira observação à definição de silogismo, nos é dito que este envolve uma tríplice ocorrência (duas premissas e a conclusão) de um único tipo de discurso, vale dizer, a proposição declarativa ou assertiva (*oratio pronuntiabilis* ou *pronuntiabilis intelligenda*), a única capaz de ser verdadeira ou falsa (VII,184,16s). Aqui, não nos é dito que esse discurso tenha que ser da forma sujeito / predicado, mas assertivo. Observe-se, porém, que a expressão *pronuntiabilis intelligenda* não mais será utilizada pelo autor.

[88] Em sua segunda observação à definição de silogismo, Apuleio diz que a expressão 'certas coisas sendo concedidas' (*concessis aliquibus*) encontra-se no plural porque uma única premissa não é suficiente para estabelecer o que ele chama de '*collectio*', pois, sabemos que para Apuleio não pode haver uma tal inferência constituída de uma única premissa. Contudo, não nos é dito que

uma *collectio* tenha que conter duas premissas e nem que as premissas tenham que participar de um termo comum.

[89] Trata-se provavelmente de Antipater de Tarso, filósofo estoico do segundo século a.C. Foi discípulo e depois sucessor, em Atenas, de Diógenes de Babilônia e professor de Panécio de Rodes, e ferrenho adversário de Carnéades. Ao que parece, haveria entre os estoicos uma facção que admitia a possibilidade de inferências de uma única premissa em oposição a outra facção que entendia que toda inferência tem que ter mais de uma premissa (cf. Sexto, *Adv. Math.*, VIII, 443; *Hyp. Pyrrh.*, II,167; Alexandre, *In An. Pr.*, 17.18-25). Talvez Antipater de Tarso fosse o líder da facção que admitia a legitimidade de argumentos de uma só premissa (μονολήμματοι λόγοι), como

Tu vês

Logo, tu vives

ou ainda

Tu respiras

Logo, estais vivo

(cf. Alexandre, *In Top.*, 8. 16-25) contra os quais se opunham os seguidores de Crisipo – a facção com a qual Apuleio aqui se identifica –, que entendem que a inferência acima é incompleta e, como tal, carecendo de uma segunda premissa (Sexto, *Adv. Math.*, VIII, 443). De fato, os dois exemplos acima arrolados são formalmente inconclusivos, já que carecem de uma premissa condicional que torna possível obter a conclusão, como se dá em *modus ponens*. Portanto, sua forma completa (*modo plena*) seria então a seguinte:

Se tu vês, então tu vives

Ora, tu vês

Logo, tu vives.

E assim Apuleio está certo ao dizer que exemplos desta forma não constituem uma inferência completa, a não ser que se acrescente a premissa condicional inexistente. Contudo, não se pode excluir que Apuleio tenha se identificado com a facção crisipiana por tomar o silogismo aristotélico, que envolve duas premissas, como o padrão de inferência. Em sentido estrito, portanto, Apuleio poderia admitir a possibilidade de inferências imediatas, desde que a palavra 'inferência' deixe de ser sinônima de 'silogismo' e assuma a devida generalidade. E assim, a oposição proposicional e a conversão seriam, segundo este critério, inferências e não leis lógicas. Ocorre que Apuleio não se manifesta a esse respeito e, desse modo, não fica claro se a oposição e a conversão são por ele tomadas como inferências (quando esta palavra é tomada em toda sua amplitude) ou não.

[90] Em sua terceira observação a respeito da definição de silogismo, o que Apuleio nos diz é que não faz sentido querer inferir aquilo que já nos foi de antemão concedido, mas tão-somente aquilo que nos foi pelo adversário negado, vale dizer, a conclusão não deve encerrar ou repetir a premissa. Tal é o que quer dizer 'uma coisa distinta das que foram concedidas' (*aliud quiddam praeter illa*) cuja finalidade é indicar que o objetivo de um silogismo é o de concluir não o que nos foi concedido nas premissas, mas o que nelas não aparece de maneira manifesta (*non quod concessum est nobis, se quod negatum*). Daí ele criticar não todas, mas três formas de inferência estoica: duas, por ele entender que sejam redundantes, e uma terceira, por ele achar que seja inválida, como veremos a seguir.

[91] A palavra sintática 'modo' (*modus*, gr. *trópos*), na acepção em que aqui é usada, não é indispensável para a descrição do silogismo, e sabemos que Aristóteles nunca dela se utilizou. Por outro lado, o termo *trópos* dispõe, da mesma maneira que 'modo' em português, de mais de um de significado. Em uso lógico, foi pela primeira vez empregado pelos estoicos que o utilizaram em mais de um sentido sendo contudo o mais importante o de "esboço de um argumento" (*Adv. Math.*, VIII,227; D.L.,VII, 76). De fato, Galeno (*Inst.*, VI,6; XV,8) dele se utilizou nesta acepção (e assim em oposição a *logos*, 'argumento'). Cf. J. Mau, Galen, *Einführung in die Logik*, 1960, p.19. Mais tarde, entre os comentadores gregos, esta palavra reaparece com Alexandre de Afrodísias (c. 200 d.C.). No mundo de língua latina, a primeira ocorrência do vocábulo *modus*, quando assume a acepção técnica em questão, vemos no *Peri Hermeneias* e bem mais adiante em Marciano Capela (c. 430). Sendo assim, é muito provável que Apuleio tenha travado contato com este termo não através de uma fonte aristotélica, mas por intermédio de um manual estoico.

[92] A propósito de explicar sua definição de inferência (*collectio*), Apuleio volta novamente a criticar os estoicos. Nesse sentido, ele critica dois tipos de inferências estoicas sob a alegação de serem redundantes ou supérfluas. A primeira, ele exibe sumariamente sob a forma

> Ou é dia, ou é noite
> Ora, é dia

pois, sabidamente os estoicos a enunciavam assim:

> Ou é dia, ou é noite
> Ora, é dia
> Logo, não é noite

e deles receberam a denominação de quarto indemonstrado. A segunda forma de inferência por ele igualmente criticada é exibida com as seguintes palavras:

> Se é dia, então é dia
> Logo, é dia

mas, os estoicos, como se sabe, a enunciavam da seguinte maneira:

Se é dia, então é dia

Ora, é dia

Logo, é dia

e a denominavam de 'argumento duplicado' (διφορούμενοι). Acreditamos que as apresentações sumárias propostas por Apuleio decorram do fato de tais argumentos serem, em seu tempo, do conhecimento geral. Tratam-se, portanto, de meras abreviações que o leitor saberia reconstruir. Apuleio não os qualifica, importa ser dito, de *inválidos*, mas de supérfluos ou inúteis. Trata-se, portanto, não de um juízo formal, mas de uma valorização pragmática. Porém, não é de todo óbvia a razão pela qual Apuleio foi levado a qualificar estes dois modos estoicos de supérfluos ou redundantes.

[93] A passagem latina *non idem differenter peragentes* é de difícil compreensão, o que envolve ser igualmente obscura sua tradução. Esta poderia ser, talvez, 'os silogismos que não apresentam na conclusão qualquer diferença quanto ao que é expresso na premissa menor'.

[94] Apuleio passa agora a analisar o terceiro argumento que ele entende ser inconcludente

Se é dia, então está claro

Ora, é dia

Logo, está claro

Os estoicos o tinham como o primeiro indemonstrado, e que a partir da Idade Média se tornou conhecido por *modus ponens*. Eis as alegações de Apuleio: a proposição 'está claro' ocorre na conclusão de um modo distinto daquele que ocorre na premissa. Com efeito, na premissa é dito 'que se *for* dia, então estará claro simultaneamente', ao passo que na conclusão é assegurado que agora está claro. Portanto, enquanto que a premissa condicional estabelece uma relação legiforme (com o verbo no subjuntivo), a conclusão é um enunciado que exprime um fato (com o verbo no indicativo). A argumentação de Apuleio, além de obscura, não é procedente, já que 'dia' e 'claro' sendo constantes não podem variar quanto ao significado ao transitar da premissa para a conclusão.

[95] Em sua quarta e última observação a propósito da definição de silogismo, Apuleio afirma que nela ocorre a expressão 'segue-se necessariamente' para distinguir o que foi acima definido como *collectio* do que se chama convencionalmente de 'indução' ou 'indução por semelhança' ou 'indução incompleta'. O termo 'necessariamente' (*necessario evenit*) quer indicar aqui que se trata de inferência dedutiva e não da indução por analogia ou semelhança. Pois, afirma Apuleio que toda indução tem como ponto de partida um conjunto de concessões como vemos em,

O maxilar inferior do homem é móvel

O maxilar inferior do cavalo é móvel

O maxilar inferior do boi é móvel

O maxilar inferior do cão é móvel

O maxilar inferior de todo animal é móvel

Tal conclusão seria, porém, falsa se fosse aplicada ao crocodilo. Portanto, o que caracteriza a inferência indutiva é a *possibilidade* da aceitação de certo número de premissas e simultaneamente rejeitar a conclusão (cf. VII,185,12-20). Pois, em outras palavras, em uma inferência indutiva é possível conceder as premissas sem ser, em princípio, compelido a admitir a conclusão. Tal, porém, não ocorre com a inferência dedutiva, em que uma vez aceitas as premissas a conclusão se impõe *necessariamente*. E o que leva a lógica dedutiva a afirmar que a conclusão do argumento decorre necessariamente das premissas é o fato de ela já estar contida nas premissas. Por isto, a conclusão que se deriva por dedução é necessária, enquanto que a conclusão que se deriva por indução não o é.

[96] Nem todas as inferências (ou modos silogísiticos) são igualmente interessantes; por tal razão cabe distinguí-las, do ponto de vista formal, em válidas e inválidas. Só as inferências válidas apresentam interesse lógico. A razão pela qual Apuleio é levado a rejeitar as inferências inválidas se deve ao fato de elas levarem a conclusões falsas partindo de premissas verdadeiras (cf. XIV,194,21-22; VI,182,3-4). Por outro lado, ele admite como válidas – e as aceita sem hesitar – todas as inferências que de premissas verdadeiras *sempre* levem a conclusões verdadeiras. No sentido de distinguir uma inferência válida de uma inválida, Apuleio foi levado a enunciar um conjunto de regras dedutivas. Tendo por base as duas primeiras regras que não envolvem a conclusão da inferência, Apuleio rejeita como inválidas (em qualquer figura) seis conjunções (XIV,193,27-28). Dessas seis, duas são rejeitadas por serem constituídas por proposições negativas – isto é, *EO* e *OE* – e quatro por só encerrarem proposições particulares – *II, IO, OO* e *OI*. Curiosamente, ele nada fala a respeito da conjunção *EE*. Essas seis conjunções são, como dissemos, inválidas em quaisquer das figuras. Restam, assim, dez conjunções cuja validade cumpre ser avaliada em cada uma das figuras.

[97] No sistema do *Peri Hermeneias*, um silogismo (*collectio*) é formado de um par de premissas (*conjugatio*) que dá lugar a uma conclusão (*illatio*). Por sua vez, uma *conjugatio* é constituída de, pelo menos, duas *acceptiones*, vale dizer, de um par de proposições que encerram uma *particula communis*, isto é, um termo médio. As proposições que podem ocorrer numa *conjugatio* são as quatro formas de *predicativae propositionis: universalis dedicativa, universalis abdicativa, particularis dedicativa* e *particularis abdicativa*. Consoante a posição que ocupe a *particula communis* nas *acceptiones* que constituem a *conjugatio*, surgem três formas de *collectiones* que são por Apuleio denominadas de *formulae*, isto é, figuras. Em uma dada *formula* cabe distinguir *conjugationes* de *modi*. Apuleio entende porém que nem todos os modos são formalmente interessantes, cabendo assim distingui-los em duas classes: i) modos válidos, e ii) modos inválidos. Só os primeiros têm interesse lógico. Ele entende ainda que entre os modos válidos cumpre distinguir aqueles que são óbvia e claramente válidos daqueles que não o são. Os primeiros são por ele denominados de *indemonstrabiles*. E os segundos devem ser reduzidos a um dos quatro modos indemonstráveis para terem assegurada sua validade. Por fim, há que ser dito

que Apuleio apresenta todos os seus silogismos não como proposições condicionais, mas como *regras* dedutivas. Disto surge, ao que parece, a tradição, hoje dominante, de apresentar os silogismos como regras, cf. Capela, Cassiodoro, Boécio e Isidoro de Sevilha.

[98] A existência desses nove modos advém do fato de seis deles terem a conclusão obtida diretamente, enquanto que os três restantes têm sua conclusão obtida indiretamente. O mesmo se dá *mutatis mutandis* com as demais figuras.

[99] Apuleio enuncia aqui a regra metalógica segundo a qual toda conjunção que só encerrar premissas particulares – isto é, *II, OO, IO* e *OI* – é inválida. Portanto, uma conjunção para ser válida deve conter pelo menos uma premissa universal.

[100] Apuleio enuncia a regra metalógica segundo a qual toda conjunção que só encerrar premissas negativas – isto é, *EE, EO*, OO e *OE* – é inválida. Toda conjunção deve assim conter pelo menos uma premissa afirmativa. É verdade que mais adiante Apuleio fortificará estas regras afirmando que de duas negativas ou de duas particulares 'nada se pode concluir' (*nihil enim concludi potest*), em vez de afirmar que nada se pode concluir com certeza (*quia saepe possunt et falsa concludere*).

[101] Apuleio enuncia agora a regra metalógica segundo a qual se uma das premissas de uma conjunção for negativa, a conclusão será também negativa.

[102] Apuleio enuncia aqui a regra metalógica segundo a qual se uma das premissas de uma conjunção for particular, a conclusão será igualmente particular.

[103] Apuleio caracteriza a primeira figura como aquela em que o termo médio 'é sujeito em uma das premissas e predicado em outra' (VII,183,15s). Das dezesseis conjunções possíveis, Apuleio exclui como inválidas em qualquer figura apenas seis. Resta, pois, avaliar que conjunções entre as dez restantes são válidas na primeira figura. Apuleio sustenta, corretamente, que na primeira figura todos os modos válidos são originados das seis seguintes conjunções: 1) *Asm & Amp*; 2) *Asm & Emp*; 3) *Ism & Amp*; 4) *Ism &* Emp; 5) *Epm & Ams*; e 6) *Epm & Ims*. (Note-se que esta figura encerra nove modos válidos; as quatro primeiras conjunções originam os quatro modos diretos (tidos como indemonstráveis), enquanto que as duas últimas dão origem aos cinco modos indiretos: o quinto é redutível ao primeiro; o sexto, ao segundo; o sétimo, ao terceiro; o oitavo, ao quarto; e, por fim, o nono, também ao quarto.

$$Asm, Amp \vdash Asp$$

$$Asm, Emp \vdash Esp$$

$$Ism, Amp \vdash Isp$$

$$Ism, Emp \vdash Osp$$

$$Asm, Amp \vdash Ips$$

$$Asm, Emp \vdash Eps$$

$$Ism, Amp \vdash Ips$$

$$Epm, Ams \vdash Osp$$

$$Epm, Ims \vdash Osp.$$

Além desses nove modos válidos, Apuleio também acena, mas sem revelar quais são, para três outros modos válidos (Barbari, Celaront e Celantop) da primeira figura de conclusão atenuada (XIII,193,16-20). Tratando-se da primeira figura, tais modos só poderiam ser:

$$Asm, Amp \mid\!\!-\!\!- Isp$$
$$Asm, Emp \mid\!\!-\!\!- Osp$$
$$Asm, Emp \mid\!\!-\!\!- Ops.$$

Ele, porém, rejeita tais inferências afirmando que 'é de todo estéril, pois não cabe concluir menos daquilo que é dado concluir mais' (XIII,193,19-20). Apuleio observa que ao contrário dos cinco últimos modos, os primeiros quatro modos só admitem conclusão direta. Com efeito, Apuleio observa que as conclusões dos quatro primeiros modos são inferidas diretamente, enquanto que a conclusão dos últimos cinco modos é inferida indiretamente.

[104] O primeiro modo da primeira figura – *Asm, Amp* $\mid\!\!-\!\!-$ *Asp* – é tradicionalmente denominado de Barbara. Neste silogismo se deriva a partir de duas universais afirmativas diretamente uma universal afirmativa. Diz Alexandre de Afrodísia, que 'esta conjunção (*symplokè*) é a primeira uma vez que cada uma de suas premissas é simultaneamente universal e afirmativa' (*In An. Pr.*, 95. 31). Tornamos a dizer que é uma prática de Apuleio fazer a premissa menor anteceder a maior. Ele também o considera um modo indemonstrável, e o chama de 'primeiro indemonstrado', por força de sua evidência. Fato que decorre de o sujeito da conclusão estar totalmente incluído na extensão do termo médio que, por sua vez, está totalmente incluído na extensão do predicado da conclusão. A evidência e a indemonstrabilidade do primeiro modo se comunicam para os demais modos diretos da primeira figura. Sua conclusão só pode ser inferida diretamente; mas *Asp* pode ser convertida em uma particular– isto é, *Asp* → *Ips* – que constitui a conclusão do quinto modo da primeira figura. Em Barbara, a conversão de ambas as premissas dá origem a uma conjunção inválida (duas particulares); a conversão da premissa maior o transforma em um modo da segunda figura; e a conversão da premissa menor o transforma em um modo da terceira figura. Portanto, o primeiro modo da primeira figura só gera um único modo novo nessa figura: Baralipton. Sabemos ainda que Barbara pode dar origem a Barbari, atenuando sua conclusão em uma particular afirmativa, Apuleio porém despreza tais modos atenuados (cf. nota infra 117).

[105] Para efeito de clareza, na presente tradução, nos utilizamos do recurso de pôr em destaque as inferências, o que não se dá na edição de Thomas. Isto, porém, nada altera ou modifica o pensamento de Apuleio.

[106] O quinto modo da primeira figura provém da mesma conjunção do primeiro modo, pela mera conversão da conclusão deste modo. Em outras palavras, o quinto modo é obtido a partir do primeiro indemonstrável

$$Asm, Amp \mid\!\!-\!\!- Asp$$

por conversão acidental – isto é, *Asp* → *Ips* – de sua conclusão

$$Asm, Amp \vdash Ips$$

que é o quinto modo da primeira figura e recebeu o nome de Baralipton, já que não existe um outro modo da primeira figura que derive uma particular afirmativa de um par de universais afirmativas.

[107] O segundo modo da primeira figura – $Asm, Emp \vdash Esp$ – é tradicionalmente conhecido pelo nome de Celarent. Este silogismo deriva a partir de uma universal afirmativa e de uma universal negativa diretamente uma universal negativa (Celarent). E deriva, indiretamente, pela conversão simples da conclusão universal negativa de Celarent, uma conclusão igualmente universal negativa (Celantes) – isto é, $Esp \rightarrow Eps$ – que vem a ser o sexto modo da primeira figura. Apuleio toma o modo direto como indemonstrável, sendo chamado de 'segundo indemonstrável'. Neste modo, a conversão de ambas as premissas dá origem a uma conjunção que caracteriza o nono modo; a conversão de uma das premissas o transforma em um modo da segunda ou da terceira figuras. Portanto, Celarent só gera, na primeira premissa, um único modo pela manipulação da conclusão: Celantes.

[108] O sexto modo da primeira figura é obtido a partir do segundo modo indemonstrável

$$Asm, Emp \vdash Esp$$

por conversão simples de sua conclusão – isto é, $Esp \rightarrow Eps$ –, originando

$$Asm, Emp \vdash Eps$$

que é o sexto modo da primeira figura e recebeu o nome de Celantes, que é efetivamente um modo novo.

[109] Apuleio diz que a premissa negativa – por encerrar o predicado da conclusão – deve preceder a premissa afirmativa, por esta encerrar seu sujeito. Ocorre, porém, que por força da sequência S$\rightarrow$ M $\rightarrow$ P cabe, de início, que a premissa afirmativa anteceda, já que contém o sujeito da conclusão. Ao assim raciocinar, tudo indica que, em seu entendimento, a função do sujeito seria de maior relevo que a do predicado; isto, porém, não é uma questão de todo resolvida.

[110] O terceiro modo da primeira figura – $Ism, Amp \vdash Isp$ – é tradicionalmente denominado de Darii. Este silogismo deriva de uma particular afirmativa e de uma universal afirmativa diretamente uma particular afirmativa (Darii) e, deriva indiretamente, por conversão simples da conclusão particular afirmativa uma particular afirmativa (Dabitis). Apuleio o toma como indemonstrável, sendo conhecido como 'terceiro indemonstrável'. A conclusão deste modo só pode ser obtida diretamente; isto porém não impede que Isp possa ser convertida – isto é, $Isp \rightarrow Ips$ – que constitui a conclusão do sétimo modo da primeira figura. Em outros termos, o terceiro modo dá origem a um único modo na primeira figura. Pois a conversão de ambas as premissas de Darii ou a conversão da premissa universal afirmativa originariam uma conjunção de proposições

particulares. E a conversão da particular afirmativa a transforma numa terceira a figura. Portanto, só é possível a conversão de sua conclusão: Dabitis.

[111] Apuleio também nos diz, como vimos acima, que o terceiro indemonstrável (Darii) só dá origem a um único modo na primeira figura: Dabitis, que é efetivamente um modo novo. Inexplicavelmente, porém, ele não aduz as razões pelas quais isto se dá. E a razão de ser de seu silêncio decorre, em nosso entender, do fato de sua explicação adequada envolver a admissão da quarta figura. Mas importa reconhecer que sua afirmação é procedente, seja quando se converte uma única premissa, seja quando se convertem ambas as premissas de Darii. Com efeito, se ambas as premissas de Darii forem convertidas obtemos uma conjunção da quarta figura com ambas as premissas particulares. Mas se apenas uma das premissas for convertida abre-se a seguinte alternativa: i) se a premissa convertida de Darii for a primeira obtemos uma conjunção da terceira figura, ou ii) se a premissa convertida for a segunda obtemos duas premissas particulares da segunda figura. Em quaisquer das hipóteses, nada se obtém em termos de primeira figura. O sétimo modo da primeira figura é obtido do terceiro modo indemonstrável

$$Ism, Amp \vdash Isp$$

por conversão simples de sua conclusão, originando assim

$$Ism, Amp \vdash Ips$$

que é o sétimo modo da primeira figura e recebeu o nome de Dabitis.

[112] O quarto modo da primeira figura – $Ism, Emp \vdash Osp$ – é tradicionalmente conhecido sob a designação de Ferio. Este silogismo deriva de uma particular afirmativa e de uma universal negativa diretamente uma particular negativa (Ferio). Apuleio o toma como um indemonstrável, sendo conhecido como 'quarto indemonstrável'. Sua conclusão só pode ser obtida diretamente e, contrariamente ao que ocorre com os três indemonstráveis acima enumerados, ela não pode ser convertida, pois uma particular negativa não se converte. Contudo, Apuleio insinua que só mediante esta figura é possível derivar dois modos (mas não dois modos indiretos) de mesma conclusão que Ferio (isto é, Osp): Fapesmo e Frisesomorum (cf. IX,187,17-23;187,23-27), como veremos logo adiante.

[113] Ao contrário do que ocorre com os três primeiros indemonstráveis (isto é, Barbara, Celarent e Darii) dos quais só se deriva um único modo (respectivamente, quinto, sexto e sétimo), do quarto indemonstrável (isto é, Ferio) pode-se derivar dois modos: Fapesmo e Frisesmo, vale dizer, o oitavo e o nono modos da primeira figura. Tais modos mantêm a mesma conclusão, Osp, do modo indemonstrável do qual se derivam, pois são obtidos por mera manipulação sobre suas premissas.

[114] O nono modo da primeira figura, denominado Frisesmo (ou ainda Frisesomorum) é derivado de Ferio da seguinte maneira. Partindo de Ferio

$$Ism, Emp \vdash Osp$$

por transposição das premissas

$$Emp,\ Ism \vdash Osp$$

convertendo-se ambas as premissas, temos

$$Epm,\ Ims \vdash Osp$$

que é o nono modo da primeira figura, denominado Frisesmo ou Frisesomorum.

[115] Apuleio procura a seguir explicar porque os três primeiros indemonstráveis (Barbara, Celarent e Darii), ao contrário do quarto, só produzem um único modo válido na primeira figura. Para que a argumentação de Apuleio se torne inteligível é necessário não esquecer que um modo só pode se originar de outro segundo um dos seguintes procedimentos: i) por conversão da conclusão, ou ii) por conversão de uma ou de ambas as premissas. É sabido que o primeiro, segundo e terceiro indemonstráveis originam modos válidos, no contexto da primeira figura, por conversão de suas conclusões (cf. notas 105, 108 e 111). Portanto, a obtenção de outros modos a partir desses três indemonstráveis só seria em princípio possível por conversão das premissas. A viabilidade deste fato é o que Apuleio a seguir discutirá.

[116] O primeiro indemonstrado (Barbara) só origina um modo válido no contexto da *primeira figura* por conversão da conclusão, dando assim origem a Baralipton, que importa não ser confundido com Barbari (cf. supra nota 104). Por conversão das premissas vir a obter um outro modo nessa figura não é possível porque i) se uma única premissa de Barbara for convertida, a conjunção resultante será da segunda figura ou da terceira; e ii) se ambas as premissas de Barbara forem convertidas teremos uma conjunção inválida constituída de duas premissas particulares. (E assim Barbara só dá origem a outros modos no contexto da segunda e terceira figuras, o que, porém, não está aqui em questão).

[117] No contexto da primeira figura, o segundo indemonstrável (Celarent) também só origina a um único modo e isto por conversão da conclusão, vale dizer, Celantes. Por conversão das premissas vir a obter outro modo não é possível pelas seguintes razões. Se ambas as premissas de Celarent forem convertidas, obter-se-á, argumenta Apuleio, a conjunção do nono modo da primeira figura. Com efeito, seja o segundo indemonstrável

$$Asm,\ Emp \vdash Esp$$

convertendo ambas as premissas, temos

$$Ims,\ Epm \vdash Esp.$$

Mas Apuleio aqui se equivoca, pois se ambas as premissas de Celarent forem convertidas, o que surge é uma conjunção da quarta figura e não a do nono modo da primeira. Este equívoco é estranho, uma vez que Apuleio raramente se equivoca quanto à análise dos diversos modos.

Cremos que isto se deva ao fato de, se a análise fosse conduzida como caberia, implicar o reconhecimento de uma quarta figura. De fato, *Ims*, *Epm* $\vdash$ *Esp* é um modo da quarta figura, figura que Apuleio não reconhece. Para se obter o nono modo da primeira figura, cumpre transpor as premissas do segundo indemonstrado

$$Emp, Asm \vdash Esp$$

e a seguir converter suas premissas, obtendo assim

$$Epm, Ims \vdash Esp$$

que é Frisesmo. Apuleio também discute a hipótese de uma única premissa de Celarent ser objeto de conversão. Nesta circunstância, afirma ele, tem-se um modo da segunda figura ou da terceira, mas nenhuma da primeira.

[118] Apuleio tem aqui em conta os quatro modos aristotélicos e os cinco modos teofrásticos da primeira figura (isto é, 4 + 5). Os cinco outros modos desta figura são reduzidos aos quatro indemonstráveis. Em outras palavras, a validade dos cinco modos demonstráveis é estabelecida na medida em que são deduzidos dos quatro indemonstráveis. Consequentemente, o sistema lógico de Apuleio assume desta maneira uma feição estritamente axiomática em que os quatros primeiros modos da primeira figura desempenham o papel de axiomas mediante os quais é dado provar todos os demais modos da primeira, segunda e terceira figuras. Apuleio mostra estar aqui plenamente consciente da função dos quatro indemonstráveis na construção dedutiva de seu sistema silogístico. Com efeito, ele nos diz explicitamente que os quatro modos indemonstráveis atuam como quatro axiomas evidentes e intuitivos aos quais são reduzidos, à exceção Baroco e Bocardo, todos os demais modos válidos de todas as figuras.

[119] Ele também nos diz que os quatro primeiros modos dessa figura são indemonstráveis (*indemonstrabiles*). Aqui, não nos é dito que esses modos são indemonstráveis *simpliciter*, mas que são indemonstráveis na medida em que não carecem de prova ou demonstração. Tais modos fundamentais são assim chamados não porque não possam ser demonstrados (*non quod demonstrari nequeant*), mas por serem tão simples e evidentes (*tam simpleces tamque manifesti sunt*) que não necessitam ser demonstrados (*demonstratione non egeant*). A estes cabe reduzir todos os outros modos e assim imprimir a evidência que lhes é inerente. Na Antiguidade já se chegara a conclusão de que a palavra 'indemonstrável' (*indemonstrabilis*) tinha três significados. A presente passagem é tomada por mais de um historiador com base par dizer que Apuleio conhecia as três acepções dessa palavra. Contudo, o primeiro sentido vemos em Apuleio, enquanto que o segundo e o terceiro já eram conhecidos de Sexto Empírico. Apuleio entende que mesmo os indemonstráveis podem ser demonstrados não por conversão, mas pelo processo de redução ao impossível (cf. infra nota 141). A palavra 'indemonstrável' quer dizer aqui "evidente" ou "intuitivo" e não o que não pode ser *ex vi formae* demonstrado.

[120] Todos os modos se reduzem aos indemonstráveis, à exceção de Baroco e Bocardo que não são redutíveis, mas têm sua validade provada *per impossibile*.

[121] Ao contrário do que fez com a primeira figura, Apuleio não define ou caracteriza a forma da segunda figura. E assim, esta só pode ser depreendida dos exemplos de suas diversas conjunções.

Das dezesseis possíveis conjunções, Apuleio exclui como inválidas em quaisquer das figuras apenas seis. Resta pois avaliar que conjunções entre as dez restantes são válidas na segunda figura. Ele afirma que nessa figura todos os quatro modos válidos são originados das seguintes conjunções: 1) *Asm & Epm*; 2) *Ism & Epm*; 3) *Osm & Apm*. Mas surgem aqui algumas dificuldades. Não é correto dizer que o segundo modo se deriva da mesma conjunção do primeiro, *Asm & Epm*, pois é possível derivar o primeiro modo da conjunção do segundo, *Esm & Apm*. Portanto, as conjunções formalmente possíveis são as quatro seguintes: 1) *Asm & Epm*; 2) *Esm & Apm*; 3) *Ism & Epm*; 4) *Osm & Apm*. Além dessas quatro ainda há outras duas conjunções que permitem o surgimento de novos modos: 5) *Asm & Opm*; 6) *Esm & Ipm*. Ele nos diz que das três conjunções (as únicas que ele reconhece) se originam os seguintes modos válidos:

$$Asm, Epm \vdash Esp$$
$$Esm, Apm \vdash Esp$$
$$Ism, Epm \vdash Osp$$
$$Osm, Apm \vdash Osp$$

Há que se ter presente que Apuleio faz a premissa menor preceder a maior, o que significa transpor a ordem aristotélica ou tradicional das premissas. Apuleio sustenta que a conclusão de todos esses modos é obtida diretamente. Sullivan se equivoca, em nosso entender, quando diz que o fato de o predicado da conclusão não ter ocorrido antes como predicado de uma das premissas não permite que se possa falar, em sentido estrito, que houve conclusão diretamente inferida (M. W. Sullivan, *Apuleian Logic*, p. 98). Já vimos anteriormente que para Apuleio basta que um dos extremos da inferência ocorra na mesma posição tanto em uma das premissas quanto na conclusão para que se possa falar que sua conclusão foi diretamente inferida. A fim de estabelecer a validade desses modos, Apuleio os reduz a um dos modos indemonstráveis ou se utiliza da *probatio per impossibile*.

Além desses quatro modos, Apuleio também acena, mas sem revelar quais são, para os dois outros modos, ditos recentemente 'modos atenuados da segunda figura' (XIII,193,18-19). Tais modos subalternos se dividem em diretos (Cesaro e Camestrop) e indiretos (Fapesmo e Camestrop). Tratando-se da segunda figura, esses modos só poderiam ser os seguintes:

$$Asm, Epm \vdash Osp$$
$$Esm, Apm \vdash Osp$$

Estes são obtidos pela conversão da conclusão dos dois primeiros modos desta figura. Ocorre, porém, que Apuleio rejeita tais inferências afirmando que 'é de todo estéril, pois não cabe concluir menos daquilo que é dado concluir mais' (XIII,193,19-20). Podemos ainda enumerar os dois modos a seguir

$$Esm, Ipm \vdash Ops$$
$$Asm, Opm \vdash Ops$$

que Apuleio tampouco menciona. O primeiro, é provado invertendo a ordem das premissas e convertendo *Esm*. Ao assim fazer, a conclusão *Ops* é obtida por Ferio. O segundo modo, porém, só pode ser provado *per impossibile*.

[122] O primeiro modo da segunda figura – *Asm, Epm* ⊢ *Esp* – é tradicionalmente conhecido pelo nome Cesare. Este silogismo, a partir de uma premissa universal afirmativa e de uma universal negativa, deriva diretamente uma conclusão universal negativa. Cesare dá origem por meio indireto (isto é, pela conversão da conclusão) ao modo Cesares: *Asm, Epm* □□ *Eps*. Observe-se, porém, que Cesares *não* é Cesar e também *não* é um novo modo, pois Cesares vem a ser o segundo modo da segunda figura: Camestres. (E Camestres pelo mesmo procedimento dá origem a Cesare). Ele tem sua validade demonstrada por redução a Celarent, o segundo indemonstrável da primeira figura. Tomando-se Cesare como ponto de partida

$$Asm, Epm \vdash Esp$$

e a seguir convertendo simplesmente sua segunda premissa – isto é, *Epm* □ *Emp* – obtém-se

$$Asm, Emp \vdash Esp$$

que é Celarent. Cf. supra nota 108.

[123] Apuleio entende que a conjunção (AE) do segundo modo

Toda coisa justa é honesta

Nenhuma coisa vergonhosa é honesta

não difere da conjunção (EA) do primeiro modo

Nenhuma coisa vergonhosa é honesta

Toda coisa justa é honesta

E assim constituem a mesma conjunção ainda que as premissas não se encontrem na mesma ordem. Com isto, surge a questão de saber se temos aqui uma ou duas conjunções. No entender de Apuleio, o segundo modo apresenta a mesma conjunção do primeiro. Formalmente falando, porém, a ordem de ocorrência das premissas numa inferência poderá ser ou não relevante para a conclusão dessa inferência. Tudo depende das definições iniciais. Se Apuleio entende que oito são as possíveis conjunções válidas na segunda figura (XIV,193,25ss), ele tem que admitir que *AE* não pode ser a mesma coisa que *EA*, já que ele distingue os modos Cesare de Camestres. Por outro lado, a conclusão *Esp* pode ser obtida tanto a partir de Cesare

$$Asm, Epm \vdash Esp$$

como de a partir de Camestres

$$Esm, Apm \vdash Esp$$

e, desta maneira, seria também correto dizer que o primeiro modo tem a mesma conjunção do segundo.

[124] O segundo modo da segunda figura – *Esm, Apm* $\vdash$ *Esp* – é tradicionalmente conhecido pela designação de Camestres. Este silogismo, a partir de uma premissa universal negativa e de uma universal afirmativa deriva, diretamente, uma conclusão universal negativa. Apuleio não esclarece como se dá a prova de sua validade. Mas parece claro que ele entende que este modo deva ser deduzido do primeiro modo da segunda figura e através deste ao segundo indemonstrável. Com efeito, partindo de Camestres

$$Esm, Apm \vdash Esp$$

por transposição das premissas, temos

$$Apm, Esm \vdash Esp$$

convertendo simplesmente a segunda premissa, temos por Celarent

$$Apm, Ems \vdash Eps$$

- desde que troquemos o 's' por 'p' e vice versa, e convertendo a conclusão, temos

$$Asm, Emp \vdash Esp.$$

Observe-se que pela conversão da conclusão de Camestres, temos

$$Esm, Apm \vdash Eps$$

que recebe o nome de Camestre, que é o modo indireto relativo a Camestres, e reciprocamente.

[125] O terceiro modo da segunda figura – *Ism, Epm* $\vdash$ *Osp* – ostenta o nome de Festino. Este silogismo, a partir de uma premissa particular afirmativa e de uma universal negativa deriva, diretamente, uma conclusão particular negativa. Ele tem sua validade estabelecida por redução a Ferio, quarto indemonstrável. De fato, partindo de Festino

$$Ism, Epm \vdash Osp$$

e convertendo simplesmente a sua segunda premissa, temos

$$Ism, Emp \vdash Osp$$

que vem a ser Ferio.

[126] O quarto modo da segunda figura – $Osm, Apm \vdash Osp$ – tem por nome Baroco. Este silogismo, a partir de uma premissa particular negativa e de uma universal afirmativa deriva, diretamente, uma conclusão particular negativa. Segundo Aristóteles, Apuleio nos diz que este (e Bocardo da terceira figura) são os únicos modos cuja validade é estabelecida *per impossibile*; ele, contudo, tratará desse procedimento não aqui, mas só após ter exposto os modos da terceira figura (cf. Cap. XII).

[127] Também aqui Apuleio não define ou caracteriza de maneira abstrata o que entende por terceira figura. Deste modo, esta noção só é acessível pela análise das diversas conjunções atribuídas a essa figura. Das dezesseis possíveis conjunções, Apuleio exclui como inválidas em qualquer figura apenas seis. Resta pois avaliar que conjunções entre as dez restantes são válidas na terceira figura. Nesta figura, Apuleio admite a existência de cinco conjunções que originam todos os seis modos válidos: 1) *Ams & Amp*; 2) *Ims & Amp*; 3) *Ams & Emp*; 4) *Ims & Emp*; e 5) *Ams & Omp*. Mas surgem aqui duas dificuldades. Em primeiro lugar, não é correto afirmar que Datisi tenha a mesma conjunção que Disamis, e assim cumpre acrescentar a seguinte conjunção: 6) *Ams & Imp*. Em segundo lugar, Apuleio condena duas conjunções que originam modos válidos: 7) *Ems & Imp*; 8) *Oms & Amp*. Portanto, na terceira figura as conjunções válidas são em número de oito. Ele, porém, nos diz que na terceira figura dispomos de seis modos válidos:

$$Ams, Amp \vdash Isp$$
$$Ims, Amp \vdash Isp$$
$$Ams, Imp \vdash Isp$$
$$Ams, Emp \vdash Osp$$
$$Ims, Emp \vdash Osp$$
$$Ams, Omp \vdash Osp$$

Também aqui há que se ter presente que a premissa menor precede a maior, o que significa transpor a ordem tradicional das premissas. Apuleio afirma que as conclusões de todos esses modos são obtidas diretamente. Em nossa opinião, Sullivan comete um equívoco ao sustentar que o fato de o sujeito da conclusão não ter ocorrido antes como o sujeito de uma das premissas não permite que se possa falar, em sentido estrito, que houve conclusão diretamente inferida (M. W. Sullivan, *Apuleian Logic*, p. 102). Vimos anteriormente que para Apuleio basta que um dos extremos da inferência ocorra na mesma posição tanto em uma das premissas quanto na conclusão para que se possa dizer que sua conclusão foi diretamente inferida. Para estabelecer a validade desses modos, Apuleio os reduz a um dos indemonstráveis ou se utiliza da *probatio per impossibile*.

[128] O primeiro modo da terceira figura - *Ams, Amp* |— *Isp* - é tradicionalmente conhecido pelo nome de Darapti. Este silogismo de duas premissas universais afirmativas deriva, diretamente, uma conclusão particular afirmativa. Ele tem sua validade estabelecida ao ser reduzido a Darii, terceiro indemonstrado da primeira figura, por conversão de sua primeira premissa. Assim, se em Darapti

$$Ams, Amp \vdash Isp$$

a primeira premissa for substituída por sua conversa, isto é, *Ams* → *Ism*, temos

$$Ism, Amp \vdash Isp$$

que é Darii, o terceiro indemonstrado. Trata-se, portanto, de uma dedução direta de sua conclusão.

[129] Da mesma conjunção de Darapti é igualmente possível inferir indiretamente outra conclusão:

$$Ams, Amp \vdash Ips$$

que recebe o nome de Daraptis. Portanto, os modos Darapti e Daraptis têm a mesma conjunção, mas conclusões distintas. Segundo Apuleio, estes dois silogismos constituem *um* único modo, uma vez que suas conjunções são iguais, e suas conclusões são de tal modo implicadas uma na outra que acabam por se tornarem equivalentes, *Isp* ↔ *Ips*. (Ao que parece, para Apuleio o modo Daraptis por se reduzir a Darapti não tem uma existência à parte e como tal não cabe ser explicitado como uma inferência que se destaca das demais). Tal afirmação, porém, colide com sua concepção segundo a qual se de uma mesma conjunção for possível inferir duas conclusões distintas, como é o caso acima, temos *dois* modos distintos.

[130] Estas conclusões são quanto à disposição de suas palavras distintas. Contudo, esta distinção é meramente verbal e irrelevante. Já que é irrelevante se a conclusão é 'Alguma coisa honesta á boa' ou se é 'Alguma coisa boa é honesta' – levando em conta os dois exemplos acima, respectivamente.

[131] Na Antiguidade, foi objeto de controvérsia a tese de se Darapti era ou não um modo distinto de Daraptis. Em outras palavras, se Darapti, um modo da terceira figura,

$$Ams, Amp \vdash Isp$$

vem a ser ou não o mesmo modo que Daraptis, um segundo silogismo aditado aos seis originais da terceira figura um modo que se origina da conversão acidental da conclusão de Darapti. Apuleio representa uma dessas posições, isto é, estes dois silogismos constituem *um* único modo, ao passo que Teofrasto representa a outra posição: tratam-se de dois silogismos distintos. Ao que parece, a tese de Teofrasto seria a opinião dominante. Assim, lemos em Boécio que 'a terceira figura tem seis modos, consoante Aristóteles; mas alguns - entre os quais Porfírio, que seguia seus predecessores [isto é, Teofrasto e Eudemo] - acrescentaram um outro modo [Daraptis]'. (*Syll. Cat.*, 831C ed. Migne). E também Apuleio nos informa que Teofrasto entende que em Darapti existe 'não um único modo, mas dois', pois, ele acrescentou um "segundo Darapti" aos seis modos aristotélicos da terceira figura. Tal opinião lemos igualmente em Galeno (*Intr.*, XI,7), e vem a ser também o ponto de vista de Porfírio segundo o relato acima de Boécio (*Syll. Cat.*, 813C, 819B ed. Migne). Importa notar que Daraptis não passa, no fundo, de uma mera *variante* de Darapti e, assim, não cumpre receber nenhum destaque especial. A valer este raciocínio, também Cesares e Camestre, ambos modos indiretos da segunda figura, cumpririam ser anexados a esta figura como modos autônomos e independentes – o que *não* é feito. Na atualidade, Bocheński diz que é plausível que Teofrasto tomasse Darapti como um modo distinto de Daraptis no que, entende ele, Teofrasto está certo (Bocheński, *Théophraste*, p. 62). Por outro lado, Barnes sustenta que Apuleio está certo e Teofrasto errado (*Truth etc*, II, p.307). Em nosso entender, toda essa discussão (e congêneres) se deriva das duas seguintes considerações: i) não existe (pelo menos até agora) um critério objetivo e efetivo que sempre permita decidir quando dois modos (ou silogismos), quaisquer que eles sejam, são idênticos ou distintos; ii) por força da inexistência do critério i), os lógicos foram levados a listar, com os recursos que dispunham, da maneira mais objetiva que conheciam, os modos válidos existentes em cada figura. Portanto, encetar uma discussão dessa natureza sem dispor de antemão de um critério que discrimine de modo efetivo as condições de identidade entre silogismos é, em nossa opinião, um mero contrassenso.

[132] O segundo modo da terceira figura – *Ims, Amp* |— *Isp* – é tradicionalmente chamado de Datisi. Este silogismo de uma premissa particular e de uma universal, ambas afirmativas, deriva, diretamente, uma conclusão particular afirmativa. Ele tem sua validade provada ao ser reduzido ao terceiro indemonstrável (Darii) por conversão de sua primeira premissa. Assim, se em Datisi

$$Ims, Amp \;|\!\!— \; Isp$$

a primeira premissa for substituída por sua conversa, isto é, *Ims* → *Ism* , temos

$$Ism, Amp \;|\!\!— \; Isp$$

que é Darii, o terceiro indemonstrado. Da conjunção de Datisi também é possível obter o modo indireto Datisis pela conversão da premissa particular de Datisi.

[133] O terceiro modo da terceira figura – *Ams, Imp* |— *Isp* – é tradicionalmente conhecido pelo nome de Disamis. Este silogismo de duas premissas afirmativas, uma universal e outra particular, deriva, diretamente, uma conclusão particular afirmativa. A conversão da conclusão de Disamis

gera Dabitis, e vice-versa. Ele tem sua validade estabelecida ao ser reduzido a Darii, o terceiro indemonstrável. Mas a explicação de Apuleio não é muito esclarecedora. Seja Disamis

$$Ams, Imp \vdash Isp$$

transpondo suas premissas, temos

$$Imp, Ams \vdash Isp$$

cumpre a seguir converter sua primeira premissa e a sua conclusão

$$Ipm, Ams \vdash Ips$$

desde que se substitua p por s e ainda s por p, temos

$$Ism, Amp \vdash Isp$$

que é o terceiro indemonstrável. Segundo suas observações, Disamis tem a mesma conjunção que Datisi, diferindo apenas quanto ao fato de que o termo subjetivo de sua conclusão é retirado da premissa universal de Datisi (cf. XI,190,19-22). Também aqui nos deparamos com a questão – nem sempre observada por Apuleio – de que dois modos são distintos se a ordem de ocorrência de suas premissas for distinta. Da conjunção de Disamis também é possível obter o modo indireto Disami pela conversão simples da conclusão.

[134] O quarto modo da terceira figura – $Ams, Emp \vdash Osp$ – recebe o nome de Felapton. Este silogismo de duas premissas universais, uma afirmativa e outra negativa, deriva diretamente uma conclusão particular negativa. Sua validade é estabelecida por conversão acidental de sua primeira premissa – isto é, $Ams \rightarrow Ism$ –, originando

$$Ism, Emp \vdash Osp$$

que é Ferio, o quarto indemonstrável. Este modo não origina nenhum modo indireto.

[135] O quinto modo da terceira figura – $Ims, Emp \vdash Osp$ – recebe a designação de Ferison. Este silogismo de uma premissa particular afirmativa e de uma premissa universal negativa deriva, diretamente, uma conclusão particular negativa. Sua validade é estabelecida por conversão simples de sua primeira premissa – isto é, $Ims \rightarrow Ism$ – originando assim

$$Ism, Emp \vdash Osp$$

que é o quarto indemonstrável Ferio. Este modo também não origina nenhum modo indireto.

[136] O sexto modo da terceira figura – *Ams, Omp* ⊢ *Osp* – ostenta o nome de Bocardo. Este silogismo de uma premissa universal afirmativa e de uma premissa particular negativa deriva, diretamente, uma conclusão particular negativa. Tal modo, observa Apuleio, só pode ser provado *per impossibile*. Este modo também não origina nenhum modo indireto.

[137] A afirmação de que o terceiro modo (Disamis) tem a mesma conjunção que o segundo (Datisi) é errônea. Pois o segundo modo tem como conjunção a combinação *IA*, enquanto que o terceiro apresenta a combinação *AI*. Com efeito, o segundo modo é

$$Ims, Amp \vdash Isp$$

enquanto que o terceiro é

$$Ams, Imp \vdash Isp$$

De fato, nem sempre Apuleio leva em conta que em seu sistema formal a ordem das premissas não é irrelevante. Este modo também não origina nenhum modo indireto.

[138] Apuleio aqui se refere a Baroco e a Bocardo, respectivamente. E, de fato, ele só os examina após ter analisado todos os modos de suas respectivas figuras.

[139] Apuleio afirma que os modos, excetuando Bocardo e Baroco, foram ordenadamente distribuídos pelas três figuras. A seguir arrola de maneira decrescente os três princípios que possibilitaram a ordenação dos modos em suas figuras. O primeiro, enuncia que as universais são anteriores às particulares, uma vez que as primeiras são mais potentes que as segundas. O segundo, enuncia que a afirmativa é anterior à negativa. E, finalmente, o terceiro expressa que o modo que cabe ser posto em primeiro lugar é aquele que mais rapidamente se reduz a um indemonstrável, isto é, o modo que se prova mediante uma conversão precede aquele que se prova por mais de uma conversão, e estes precedem aqueles que só se provam *per impossibile*.

[140] Apuleio expõe aqui sua concepção a respeito da regra de redução ao absurdo ou, como ele denomina, 'prova por impossível' (*probatio per impossibile*). De acordo com Apuleio, impõe-se introduzir este novo método de prova, uma vez que o método de redução aos indemonstráveis não é suficiente. Com efeito, os modos Baroco e Bocardo, como já assinalara Aristóteles, só podem ser estabelecidos por prova por impossível e não por redução aos indemonstráveis. Ele ainda sustenta que os próprios indemonstráveis da primeira figura podem ser provados por impossível.

[141] Aqui, *contrarium* cumpre ser   traduzido por 'contraditório'. Os estoicos dispunham de cinco argumentos indemonstráveis (*anapódeikta*) e de quatro regras dedutivas (*themmata*) mediante as quais eles reduziam os argumentos "demonstráveis" a um ou mais desses cinco indemonstráveis. Destas quatro regras, porém, só duas chegaram ao nosso conhecimento; e devemos a Apuleio ter conservado a primeira dessas duas regras conhecidas. Esta primeira regra estoica é a que se lê acima (cf. para maiores detalhes, B. Mates, *Stoic Logic*, p. 77).

[142] Apuleio se vale da palavra *veteres*, 'antigos', em duas passagens do *Peri Hermeneias*, com o fito de a eles atribuir determinadas concepções lógicas (cf. XII,191,10-12; XII,191,21-25). Ao que

parece, esta palavra remete a Aristóteles e/ou aos peripatéticos. No presente momento, por *veteres* parece estar especificamente em questão a figura de Aristóteles que sustenta, na conhecida passagem dos *Primeiros Analíticos*, II, 8, que reduzir um silogismo é provar, pela concessão do oposto da conclusão, o oposto de uma das premissas. Eis a passagem de Aristóteles: 'Pois se a conclusão foi transformada em seu oposto (*antistraphéntos*) e se uma das premissas foi conservada, então é necessário que a premissa remanescente seja refutada; pois se ela subsistir, a conclusão também terá que subsistir' (59b3-5). Como se vê, esta é outra maneira de enunciar aquilo que Apuleio denomina de 'prova por impossível'. Cf., no entanto, as considerações de R. Smith, *Aristotle, Prior Analytics*, p.196-197.

[143] As duas enunciações que encontramos no texto de Apuleio são meras formulações em linguagem corrente das leis:

$$se \quad p, q \vdash r, \text{então} \quad p, \sim r \vdash \sim q$$
$$se \quad p, q \vdash r, \text{então} \quad \sim r, q \vdash \sim p$$

- onde '*p*', '*q*' e '*r*' são variáveis proposicionais. Os dois condicionais acima mencionados são o que se denomina de '*prova per impossibile*'. Portanto, no entender de Apuleio, as provas por redução – para estabelecer a validade dos silogismos – têm por fundamento o primeiro tema (uma regra de conversão de inferência) da silogística estoica (XII,191,5ss). Todos os modos válidos de todas as figuras podem ter sua validade estabelecida *per impossibile*.

[144] Apuleio emprega aqui a palavra *dialectici*, 'dialéticos', sem precisar a quem ela se refere. Em nosso entender, os *dialectici* poderiam ser os lógicos em oposição aos gramáticos e filósofos.

[145] Tomando como ponto de partida que a negação de *omnis* pode ser tanto *non omnis* como *quidam non*, segue-se que nos deparamos com oito maneiras de prova *per impossibile*, embora equivalentes. Apuleio passa agora a expor os diversos métodos – na verdade ele arrola três – pelos quais uma proposição que ocorre num argumento – seja ela premissa ou conclusão – pode ser rejeitada ou negada. O interesse imediato deste estudo está no fato de tais métodos indicarem os meios pelos quais uma prova *per impossibile* pode ser realizada e, assim, como um determinado silogismo pode ser provado *per impossibile*. Pois, as maneiras pelas quais tal prova pode ser executada depende diretamente dos meios pelos quais premissas e conclusão podem ser rejeitadas. Segundo Apuleio, três são os métodos capazes de gerar um conjunto de inferências cujos membros são opostos a uma dada inferência. Tais inferências são utilizadas nas provas *per impossibile* e indicam as diversas maneiras pelas quais tais provas podem ser realizadas. Apuleio afirma ainda que há quatro inferências distintas oriundas da rejeição da conclusão universal da inferência.

[146] O primeiro método mencionado de rejeitar uma proposição remontaria, segundo Apuleio, aos estoicos. Consiste em antepor à premissa ou à conclusão a partícula negativa – daí ser chamada de 'contraditória prefixada' – e assim vir a negar a proposição como um todo. Uma proposição da forma 'Todo homem é animal' se nega 'Não: todo homem é animal', ou ainda 'Algum homem é brasileiro' é negada 'Não: algum homem é brasileiro'. Evidentemente, tal como em latim, também em língua portuguesa, sem as devidas adaptações, tal prescrição se afigura antigramatical. É também de estranhar que Apuleio empregue nos exemplos os quantificadores aristotélicos 'todo' e 'algum' inusitados aos estoicos.

[147] O segundo método de rejeição se deve aos 'antigos' (*veteres*) que admitiam que uma proposição (especificamente uma conclusão) era destruída (numa prova *per impossibile*) de dois modos: i) pela anteposição da partícula negativa – *v.g.*, a contraditória de *Aab* é ~*Aab*; ou ii) pela concessão de sua contraditória – *v.g.*, a contraditória de *Aab* é *Oab*. A primeira forma é aqui denominada de 'contraditória prefixada', enquanto que a segunda forma é aqui chamada de 'contraditória infixada'. Esta última é, sem dúvida, a solução mais frequentemente observada por Aristóteles.

[148] Foi dito que os estoicos negam uma proposição prefixando a ela uma partícula negativa; os peripatéticos, porém, negam a proposição seja mediante sua *contraditória* seja através da *equipolente dessa contraditória*.

[149] A título de ilustração, Apuleio desenvolve aqui a prova *per impossibile* da validade de Barbara, o primeiro indemonstrável e primeiro modo da primeira figura. Ele o exemplifica com as seguintes palavras:

> Toda coisa justa é honesta
> Toda coisa honesta é boa
> Logo, toda coisa justa é boa

que pode ser simbolizado

$$Asm, Amp \vdash Asp$$

A negação da conclusão de Barbara, ~*Asp*, implica *Osp* – vale dizer, ~*Asp* → *Osp* - que é a contraditória infixada de *Asp*. Façamos agora *Osp*, por substituição, atuar como uma das premissas de Barbara; temos assim os quatro seguintes casos:

$$(1) \qquad Asm, Osp \vdash Omp$$
$$(2) \qquad Asm, Osp \vdash \sim\!Amp$$
$$(3) \qquad Osp, Amp \vdash \sim\!Asm$$
$$(4) \qquad Osp, Amp \vdash Osm$$

que serão individualmente discutidos nas quatro notas a seguir.

[150] Apuleio passa de início a discutir o primeiro caso acima

$$(1) \qquad Asm, Osp \vdash Omp.$$

Aqui, a conclusão de (1) é a contraditória da segunda premissa de Barbara – isto é, a contraditória de 'Toda coisa honesta é boa'. Observe-se que (1) é Bocardo.

[151] Apuleio passa agora a expor o segundo caso acima

$$(2) \qquad Asm, Osp \vdash \sim Amp.$$

Aqui, a conclusão de (2) é a equipolente da conclusão do primeiro caso, isto é, a contraditória de 'Toda coisa honesta é boa'. Observe-se que o modo (2) é equivalente ao modo (1), e ainda que (2) pode ser inferido de (1). Este silogismo é equipolente a Bocardo.

[152] Apuleio passa agora a expor o terceiro caso acima

$$(3) \qquad Osp, Amp \vdash \sim Asm.$$

Aqui, a conclusão de (3) é a contraditória da primeira premissa de Barbara – isto é, a contraditória de 'Toda coisa justa é honesta'. Este silogismo é Baroco.

[153] Finalmente, Apuleio passa a expor o quarto caso acima

$$(4) \qquad Osp, Amp \vdash Osm.$$

Aqui, a conclusão de (4) é a equipolente da conclusão do terceiro caso – isto é, a contraditória de 'Toda coisa justa é honesta'. Este silogismo é equipolente a Baroco.

[154] Apuleio acena agora para a situação que se articula quando em Barbara em lugar da premissa *Asp*, utiliza-se a premissa $\sim Asp$. Observe-se não só que $\sim Asp \leftrightarrow Osp$, como também que tanto uma como a outra dessas proposições são contraditórias (a primeira, infixada, enquanto que a segunda, prefixada) de *Asp*, conclusão de Barbara. Nestas circunstâncias, ele nos diz que há quatro novas inferências. Temos assim os quatro seguintes casos:

$$(5) \qquad Asm, \sim Asp \vdash Omp$$

$$(6) \qquad Asm, \sim Asp \vdash \sim Amp$$

$$(7) \qquad \sim Asp, Amp \vdash \sim Asm$$

$$(8) \qquad \sim Asp, Amp \vdash Osm$$

[155] Aqui temos o terceiro método que Apuleio menciona para se rejeitar uma proposição. Ele, porém, só se aplica às proposições universais – A e E - e não às particulares. Isto porque as conclusões universais A e E podem ser provadas falsas sob três circunstâncias: i) se for verdadeira a sua contraditória; ii) se for verdadeira a sua contrária; ou iii) se for falsa a sua particular. Tal método consiste em conceder a contrária da proposição universal que se quer destruir. De forma determinada, Apuleio passa agora a analizar a seguinte situação: se em lugar de $\sim Asp$ (isto é, a contraditória de Asp, portanto Osp) utilizarmos a contrária de *Asp*, vale dizer, utilizarmos *Esp*, teremos quatro novas inferências:

(9)	*Asm, Esp* $\vdash$ *Omp*	
(10)	*Asm, Esp* $\vdash$ *~Amp*	
(11)	*Esp, Amp* $\vdash$ *~Asm*	
(12)	*Esp, Amp* $\vdash$ *Esm*	

[156] Apuleio procura aqui explicar por que existem três grupos de quatro inferências (isto é, 1-4, 5-8 e 9-12), que podem ser utilizados para provar *per impossibile* o modo Barbara. E a razão que ele aduz é que uma universal pode ser refutada de três distintas maneiras (cf. supra nota 156).

[157] Apuleio afirma que nos modos que concluem particularmente em vez de três grupos há apenas dois de quatro inferências. O que faz com que existam apenas oito inferências.

[158] Aqui Apuleio tece comparações entre sua teoria da inferência e a de seus predecessores.

[159] Neste capítulo Apuleio nos fala de três tópicos que opõem seu sistema lógico tanto ao de Aristóteles como ao dos estoicos. São eles, o uso de variáveis, sua rejeição do quinto indemonstrável de Teofrasto e os modos atenuados ou subalternados.

[160] Trata-se aqui, como indicam os asteriscos, de uma passagem lacunosa. Nos códices, lê-se *ypotheticorum*. Deve-se a C. Prantl a substituição de *ypotheticorum* por *Peripateticorum*, solução que também foi seguida por P. Thomas, em sua edição do texto latino.

[161] Apuleio se refere à prática já corrente tanto entre os peripatéticos quanto entre os estoicos da utilização de variáveis – sob a forma de letras ou numerais – para indicar indefinidamente termos ou proposições. Observe-se que ele não critica essa prática, embora não a utilize. O que Apuleio chama de *primus indemonstrabilis*, 'o primeiro indemonstrável', é a forma aristotélica do modo Barbara (*An. Pr.*, 25b37-40):

A é dito de todo *B*

e *B* é dito de todo *C*

A é dito necessariamente de todo *C*.

Contudo, ele entende que o fato de Aristóteles trocar a ordem de ocorrência das premissas e fazer o predicado preceder o sujeito nas três proposições não é a solução ideal. Esta seria, em seu entender,

Todo B é A

Todo C é B

Logo, todo C é A.

e não a que transpõe as premissas

Todo C é B

Todo B é A

Logo, todo C é A

como faz Aristóteles. Como sabemos, Apuleio procede alterando a ordem de ocorrência tanto das premissas como dos extremos das proposições vindo, assim, a obter o mesmo modo Barbara, sem que haja perda de sua força conclusiva (*vis*). Ao assim proceder, talvez quisesse mostrar que ele também poderia ter utilizado variáveis na construção de seu sistema, tal como o fizeram Aristóteles e os estoicos.

[162] Cumpre lembrar que há pouca evidência positiva de que os estoicos utilizaram numerais como variáveis proposicionais, mas também não há qualquer evidência positiva de que eles não o fizeram. Quanto a Aristóteles, é certo que ele se utilizou de letras como variáveis terministas. Aqui, Apuleio expõe o primeiro indemonstrável estoico. Por fim, há que ser dito que Apuleio nunca usa qualquer meio de simbolização na apresentação de seus silogismos.

[163] São os quatro modos Barbara, Celarent, Darii e Ferio. Tais silogismos, Aristóteles os toma como evidentes e indemonstrados ou, como ele se refere, 'completos' e 'perfeitos' (*An. Pr.*, I, Cap. 4). É provável que seja este aspecto intuitivo que Apuleio qualifica de 'indemonstrável' – termo que ele tomou da lógica estoica, sem dúvida, mas em outra acepção.

[164] Apuleio relata que Teofrasto acrescentou um novo modo à primeira figura, embora a passagem em que este fato é narrado seja lacunosa. Trata-se de um passo de difícil interpretação. O que lemos sugere que Aristóteles admite na primeira figura quatro modos, enquanto que Teofrasto admite cinco. Sabemos que Bocheński entende que tal afirmação de Apuleio é duplamente errônea. De início, porque os modos de Teofrasto não são por ele tomados como indemonstráveis, e ainda porque ele admitia na primeira figura nove modos (isto é, 4+5) e não apenas cinco (*La logique de Théophraste*, p. 16 nota 22). Tudo indica, no entanto, que este novo modo de Teofrasto conteria uma premissa indefinida e consequentemente uma conclusão indefinida (XIII,193,8-10). Ao que é dado conjecturar, esta passagem sugere que, no entender de Apuleio, Teofrasto poderia querer assimilar à silogística os resultados a que Aristóteles chegou acerca da proposição indefinida. Isto explicaria o que lemos nos *Primeiros Analíticos* em que se diz que nos modos Darii e Ferio nenhuma diferença faria se substituíssemos a premissa menor particular por uma proposição indefinida (26a27).

[165] Os três asteriscos indicam que a passagem imediatamente anterior é lacunosa. Fica, portanto, lacunosa a explicação pela qual Teofrasto e outros admitem cinco indemonstráveis. Contudo, parece indubitável que esses cinco novos silogismos indiretos contenham premissas indefinidas e consequentemente apresentem conclusões igualmente indefinidas. Mas, ao introduzirmos o que se encontra entre parênteses retos, operamos uma restituição dessa passagem, fato que não consta da edição de Thomas, mas que se insere com naturalidade na mesma. Ainda assim, mantivemos os asteriscos que constam da edição crítica teubneriana.

[166] Segundo a edição de P. Thomas, o número de modo seria *octo et viginti* (isto é, '28 [modos]'), enquanto que nas edições de Oudendorp e de Hildebrand do *Peri Hermeneias* vemos *novem et viginti* (isto é, 29). Como em nossa tradução seguimos a edição de Thomas, mantivemos vinte e oito modos, como aí consta. Este, porém, não é o número correto dos modos, uma vez que 10 dos 19 modos válidos do sistema apuleiano têm premissa particular, o que eleva esse número para 29 modos. O número dos modos é, portanto, 29.

[167] Não é fácil identificar quem seja, historicamente falando, o Ariston de que Apuleio faz aqui menção. Prantl o identifica com Ariston de Alexandria (fl. c. 50 a.C.), filósofo peripatético estoicisante e aluno de Antíoco de Ascalon, *fl.* II-I a.C. (cf. C. Prantl, *Geschichte der Logik*, I, p. 590, n. 23; Thomas também segue esta solução, XIV,193,24, hoje disseminada). De fato, sabemos que houve um Ariston que comentou as *Categorias* e os *Primeiros Analíticos* e inventou, ao que nos diz Apuleio, novos modos silogísticos. Alexandre de Afrodísia atribui os modos Baralipton, Celantes e Dabitis, bem como suas provas, a Teofrasto (*In An. Pr., ad* 29a19-27). Mas, como observa I. M. Bocheński , trata-se de um texto um tanto confuso (*Ancient Formal Logic*, p.104).

[168] Apuleio menciona aqui cinco modos que concluem universalmente e que, por este motivo, também permitem originar por subalternação modos subalternos ou atenuados. Os modos

Todo S é M, Todo M é P; logo, algum S é P

Todo S é M, Nenhum M é P; logo, algum S não é P

são, respectivamente, Barbari, Celaront, ambos da primeira figura. E ainda outros dois modos da segunda figura, isto é, os modos

Nenhum S é M, Todo P é M; logo, algum S é P

Todo S é M, Nenhum P é M; logo, algum S não é P

vale dizer, Cesaro e Camestres. Ocorre que Apuleio menciona cinco modos e não apenas quatro. Falta portanto, esse quinto modo da primeira figura. Aqui estamos diante de uma *vexata questio*, pois há quem entende que se trata do silogismo Dabitis

Todo B é A, Algum C é B; logo, algum A é C,

como é dito em I. M. Bocheński (*Formale Logik*, p. 151, espec. 24.203); ou então, do modo Celantes que em nossa notação é

Nenhum M é S, Todo P é M; logo, nenhum S é P

em que a conclusão é substituída por sua subordinada 'Algum S é P'. Resta, no entanto, determinar qual é esse terceiro modo da primeira figura. Prantl entende que seja Bramalip da quarta figura (cf. *Geschichte*, I, p. 557). Segundo Bocheński, esse terceiro modo seria Dabitis, da primeira figura indireta (*Formale Logik*, p. 161, item 24.273). Há que se levar em conta, porém, que tanto Teofrasto como Apuleio assimilam os modos da quarta figura aos modos da primeira e desta forma esse terceiro modo só poderia ser Celantes, da quarta figura, cuja forma subalternada é Celantos.

[169] Cumpre ter presente que Apuleio - assim como Teofrasto – conta como modo da primeira figura os modos que hoje chamamos da quarta. Sendo assim, além de Barbari e Celaront Apuleio veio a elaborar Celantop (a forma subalterna de Celantes) na primeira figura.

[170] Apuleio faz aqui menção aos modos atenuados (ou subalternos) que ocorrem na primeira e na segunda figuras, introduzidos por Ariston de Alexandria (c.50 a.C.). Cabe, porém, indagar quais são esses cinco modos "estéreis" a que faz menção aqui Apuleio. No que diz respeito à primeira figura, esses modos são: Barbari, Celaront e Celantos. Cumpre observar que os modos atenuados da segunda figura são apenas dois: Cesaro e Camestrop. Não existe esta forma de silogismo na terceira figura, já que nesta nenhum modo conclui universalmente. Apuleio, porém, rejeita todos esses modos atenuados, qualificando-os de 'estéreis', sob a alegação de que é absurdo concluir menos – isto é, por uma proposição particular – quando é dado concluir mais – isto é, por uma proposição universal (XIII,193,19-20). Esta consideração não tem, como se sabe, qualquer embasamento formal. É uma mera idiossincrasia do autor.

[171] Apuleio passa agora ao estudo de como eliminar, no contexto das diversas figuras, as conjunções inválidas. E ele nos assegura que só dezenove modos são válidos nas três figuras.

[172] Nos manuscritos que conhecemos do *Peri Hermeneias* ocorre a palavra '*Aristoteles*'. Mas partindo do fato de que em nenhuma das obras do Estagirita se encontra aquilo que Apuleio aqui lhe atribui, Prantl entende que isto seria da autoria não do Estagirita, mas de Ariston de Alexandria (*Geschichte der Logik*, I, p. 590 nota 23). Levando em conta as considerações de Prantl, o editor P. Thomas também entende que o nome que aí deveria ocorrer é o de Ariston e não o de Aristóteles como ensejam os manuscritos e, por tal razão, ele é levado a grafar *Aristo(teles)* em lugar da forma latina '*Aristoteles*' (123,24 nota). Com efeito, é um fato que Aristóteles nunca afirmou que existem dezesseis conjunções possíveis para cada figura. Isto, porém, não significa que Apuleio não possa erroneamente atribuir a ele algo que ele nunca tenha dito explicitamente.

[173] Apuleio visa aqui a estabelecer as possíveis combinações de conjunções e seu número. Em outras palavras, as proposições *A*, *E*, *I* e *O* ou se combinam consigo mesmas

| *A* | *E* | *I* | *O* |
| *A* | *E* | *I* | *O* |

ou então se combinam com as demais

| *A A A* | *E E E* | *I I I* | *O O O* |
| *E I O* | *A I O* | *A E O* | *A E I* |

formando assim, como lemos em seu texto, dezesseis conjunções em cada figura, isto é,

$$A\,A\,A\,A \qquad E\,E\,E\,E \qquad I\,I\,I\,I \qquad O\,O\,O\,O$$

$$A\,E\,I\,O \qquad A\,E\,I\,O \qquad A\,E\,I\,O \qquad A\,E\,I\,O$$

e como três são as figuras, segue-se que 48 (=16 x 3) são as conjunções. Tomando por base tais combinações, Apuleio procede a análise dos modos inválidos, o que se tornou definitivo. De todo modo, é certo que isto remonta a algum lógico grego, provavelmente de formação aristotélica.

[174] Aqui, cumpre entender que estas negativas se distinguem quanto à quantidade.

[175] Apuleio assinala que dentre as dezesseis possíveis conjunções (cf. supra nota 174), seis são inválidas em quaisquer das três figuras: i) por serem ambas negativas – *EO, OE*; ii) por serem ambas particulares – *II, IO, OO, OI*. Não há como se entender o fato de a conjunção *EE* não se encontrar aqui incluída. Portanto, nas três figuras serão 18 a serem excluídas.

[176] Ele agora nos diz que as conjunções *AI* e *AO* são inválidas tanto na primeira quanto na segunda figuras. Aqui só há um reparo a ser feito: não é verdade que a conjunção *AO* seja inválida no contexto da segunda figura, uma vez que *Ops* segue-se validamente dessa conjunção (cf. supra 122).

[177] Apuleio observa que as conjunções *EE* e *OA* são inválidas tanto na primeira como na terceira figuras. Mas, dois reparos cumprem ser feitos. O primeiro, consiste em não ter excluído *EE* também da segunda figura. O segundo é o fato de não ser verdade que *OA* seja inválida no contexto da terceira figura, pois *Ops* segue-se validamente da conjunção *OA* na terceira figura.

[178] Segundo Apuleio restam, portanto, as seis seguintes conjunções

$$AA,\ AE,\ EA,\ EI,\ IA,\ IE$$

para originar os nove modos válidos da primeira figura. Mas, nem todos os possíveis modos oriundos destas conjunções são igualmente válidos – *v. g.*, AAO etc. As demais conjunções não produzem modos válidos. Cumpre notar que na primeira figura Apuleio exclui dez das dezesseis possíveis conjunções: AI, AO, EE, EO, II, IO, OO, OA, OE, OI. Não esquecer que os três modos indiretos têm sua origem a partir da conversão simples da conclusão dos três primeiros modos diretos.

[179] Apuleio passa a avaliar qual das dezesseis possíveis conjunções originam os 8 modos válidos na segunda e terceira figuras. Dessas dezesseis importa de início retirar as seis conjunções que são inválidas em todas as três figuras (cf. supra nota 176). Em segundo lugar, importa rejeitar duas conjunções da segunda figura (isto é, *AI* e *AO*) e duas da terceira (isto é, *EE* e *OA*). Portanto, para cada uma dessas figuras resta analisar oito conjunções.

[180] Diz Apuleio que entre essas oito conjunções existe uma, *EI*, que não é válida em nenhuma dessas duas figuras. Tal, porém, não é verdade, já que *Ops* se segue dessa conjunção tanto na segunda figura quanto na terceira.

[181] Aqui está em questão a rejeição, na segunda figura, das três alternativas: 1) *AA*; 2) *AI*; e 3) *IA* – no que aliás ele está certo. Há que ser dito, porém, que Apuleio já afirmara que caberia descartar a conjunção *AI*, conjuntamente com AO. Mas quanto à quarta e última conjunção ele não nos revela qual seja.

[182] Entenda-se das sete conjunções restantes da terceira figura.

[183] Tendo por base tal alegação, Apuleio rejeita as conjunções *EA* e *OA* quando na terceira figura. De maneira mais específica, as conjunções *Ems* & *Amp* e *Oms* & *Amp* não originariam, segundo ele, conclusões válidas. Isto, porém, não é verdadeiro na medida em que as inferências

(1)   *Ems, Amp* ⊢ *Ops*

(2)   *Oms, Amp* ⊢ *Ops*

são plenamente válidas e pertencem à terceira figura. O modo (1) é validado por redução a Celarent, enquanto que (2) é demonstrável *per impossibile*, tal como se dá com Bocardo. Apuleio, contudo, não eliminou todas as conjunções inconcludentes que ele diz ter eliminado. E ainda sustenta que permanecem cinco conjunções que originam conclusões válidas (XIV,194,17-18).

[184] Apuleio afirma corretamente que o número de conjunções possíveis distribuídas pelas três figuras é quarenta e oito. Nem todas, porém, observa ele, implicam conclusões válidas. Assim sendo, ele declara que apenas quatorze conjunções, distribuídas pelas três figuras, 'podem ser demonstradas' (*solae probantur*), vale dizer, das quarenta e oito conjunções somente quatorze acarretam conclusões válidas nas três figuras. Há aqui um duplo equívoco. Em primeiro lugar, há que se constatar que ele se vale não de quatorze, mas de dezesseis conjunções. As duas conjunções que ele não reconhece, mas delas se utiliza, são as seguintes. Na segunda figura, ele entende que a conjunção *AE* assimila *EA*, isto é, constituem uma conjunção, pois diferem tão-somente quanto à ordem das premissas, e assim, elimina esta. E na terceira figura, ele entende que a conjunção *IA* assimila *AI* e, assim, elimina esta outra. Mas se tais eliminações não forem admitidas – como é o caso –, seu número se eleva para dezesseis conjunções válidas. Em segundo lugar, há que se reconhecer que, teoricamente falando, o número das possíveis conjunções válidas é de vinte e um. De fato, há cinco conjunções, não reconhecidas por Apuleio, que originam modos válidos. Tais conjunções são, na segunda figura: *AO* e *EI*; e na terceira figura: *EI*, *EA* e *OA*. Eis a lista das conjunções que dão origem a modos válidos distribuídas por suas figuras:

Primeira Figura	Segunda Figura	Terceira Figura
AA	*AE*	*AA*
AE	*AO*	*AE*
EA	*EA*	*AI*
EE	*EI*	*AO*
IA	*IE*	*EA*
II	*OA*	*EI*
		IA
		IE
		AO

[185] Embora declare ter rejeitado trinta e quatro conjunções, na verdade, Apuleio rejeitou de modo manifesto apenas trinta e uma, vale dizer, dez da primeira figura, onze da segunda e dez da terceira.

[186]Pela expressão '*quia possunt ex veris falsa concludere*' vemos sua formulação mais explícita da condição de validade (VI,182,3-4).

[187] Cf. supra nota 65.

[188] De um ponto de vista estritamente formal, o número de modos válidos possíveis distribuídos pelas três figuras é de trinta e seis, vale dizer, doze modos por figura. Aqui porém Apuleio afirma que o número total de modos válidos é de dezenove (cf. XIV,193,21-23). Tais modos são assim distribuídos: nove, na primeira figura; quatro, na segunda; e seis, na terceira. Na verdade, o *Peri Hermeneias* reconhece não dezenove modos, mas vinte e cinco. Porém, é difícil saber em que medida tais modos foram reconhecidos como bons. Esses seis modos – qualquer que seja o grau de reconhecimento que a eles se dê – assim se explicam. De um lado, Apuleio não desconhece a existência de cinco modos atenuados de conclusão particular que ele rejeita não por serem inválidos, mas por ser absurdo concluir menos quando é dado concluir mais (III,193,16-20). De outro lado, existe um modo, Daraptis, cuja autonomia é por ele questionada já que ele o reduz a Darapti (cf. supra nota 132). Restam, portanto, onze modos válidos que Apuleio, por esta ou aquela razão, desconhece existir e, por conseguinte, nenhuma menção faz a seu respeito.